地球成长记

张明 著　侯婷 绘

GUANGXI NORMAL UNIVERSITY PRESS

广西师范大学出版社

·桂林·

SHANG TIAN RU HAI TAN DIQIU　　DIQIU CHENGZHANG JI

上天入海探地球　地球成长记

出版统筹：汤文辉　　责任编辑：戚　浩　　　特约选题策划：张国辰　孙　倩
品牌总监：李茂军　　　　　　　宋婷婷　　　特约编辑：孙　倩　冉卓异
选题策划：李茂军　　美术编辑：刘淑媛　　　特约封面设计：苏　玥
　　　　　戚　浩　　营销编辑：李倩雯　　　特约内文制作：高巧玲
责任技编：郭　鹏　　　　　　　赵　迪

图书在版编目（CIP）数据

地球成长记 / 张明著；侯婷绘. --桂林：广西师范大学出版社，
2023.5
　（上天入海探地球）
　ISBN 978-7-5598-5918-1

　Ⅰ．①地… Ⅱ．①张… ②侯… Ⅲ．①地球演化－少儿读物
Ⅳ．①P311-49

中国国家版本馆 CIP 数据核字（2023）第 045740 号

广西师范大学出版社出版发行

（广西桂林市五里店路 9 号　邮政编码：541004）
（网址：http://www.bbtpress.com）
出版人：黄轩庄
全国新华书店经销
北京博海升彩色印刷有限公司印刷
（北京市通州区中关村科技园通州园金桥科技产业基地环宇路 6 号
邮政编码：100076）
开本：787 mm × 1 092 mm　1/16
印张：2.5　　　字数：37.5 千
2023 年 5 月第 1 版　　2023 年 5 月第 1 次印刷
定价：198.00 元（全 8 册）
如发现印装质量问题，影响阅读，请与出版社发行部门联系调换。

院士爷爷写给孩子们的一封信

亲爱的小朋友们：

你们好！

我从 1957 年进入北京大学开始学习地球物理专业，至今已有 65 年的时间。这期间我一直在从事气候变化领域的研究，一直在关注地球的"健康"。

小时候，我随父母走过许多地方，看过许多次地球的"喜怒无常"：有时刮起的大风会吹断树枝掀翻屋顶，有时高温不断，有时洪水泛滥……地球为什么会出现这些现象，是不是"生病"了？有没有什么方法能让人们少受灾害的影响？生活在其他地方的小朋友有没有遇到和我一样的问题？那时的我和你们一样，对探索地球充满了好奇心。

慢慢地我发现，地球的秘密可太多了：天上的云、海里的洋流、空气中的风……不同的气候造就了地球上丰富多彩的自然景观，还极大地影响了人类的文明。与此同时，我们人类的活动也在影响着地球和人类未来的命运——即使全球的平均气温只比之前上升 1℃，也能导致冰川融化、很多物种灭绝、极端灾难事件频发。我觉得，应该把地球的秘密告诉所有关心地球的人们，尤其是你们，让我们一起来了解地球，保护地球。

今天，看到长期从事科普宣传的工作者们为小朋友制作的这套融汇气象、地理、生物、天文等多个科学领域的绘本《上天入海探地球》，我很欣慰，因为这套绘本里面写了很多关于地球的故事。我是在上大学期间才对灾害性天气有了明确的认知，想到你们从小就能看到这么多有趣的故事，能了解到这么多知识，我由衷地感到，你们是幸福的。

最后，祝愿你们健康快乐地成长！让我们一起为了人类更美好的未来，携手应对全球气候变化，保护我们共同的家园吧！

中国工程院院士 丁一汇

2022 年 10 月 18 日

你知道地球的年龄吗？算到现在，地球差不多有 46 亿岁了。

就像年龄再大的老爷爷、老奶奶也有小时候一样，地球也曾是个小宝宝。它和我们一样，也是一步一步成长为如今的样子的。（现在接近 46 亿岁的地球还处于青壮年时期哟！）

没有人知道地球是怎样诞生的。一直以来，科学家们对这个问题争论不休，提出了各种各样的假说。

说真的，出生是太久之前的事情，连我自己都不记得了。

我认为地球起源于太阳爆炸。

我认为地球是被太阳甩出来的。

根据我的研究，地球的诞生应该与陨石有关。

假说： 科学研究上对客观事物的假定的说明。

如果你对此也感到好奇，想知道科学家们说了些什么，那就需要先了解一种力——**引力**。

自然界中任何两个物体都会相互吸引，而且所有物体之间都具有这种看不见、摸不着的引力，因此这种引力也被称作**万有引力**。

万有引力包罗万象，它可以用来解释在地球上苹果为什么只能往下掉、我们为什么不能飘在空中等问题，也能助力解释宇宙中星球如何诞生等问题。

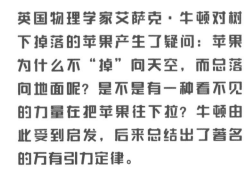

英国物理学家艾萨克·牛顿对树下掉落的苹果产生了疑问：苹果为什么不"掉"向天空，而总落向地面呢？是不是有一种看不见的力量在把苹果往下拉？牛顿由此受到启发，后来总结出了著名的万有引力定律。

既然地球属于太阳系，那太阳系又是怎样诞生的呢？有些科学家认为，整个太阳系的诞生源自宇宙中美丽的星云，这种假说被称为**星云说**。

　　浩瀚的宇宙中充斥着数不清的气体和尘埃等。它们的体积非常大，看起来就像是宇宙中的云雾，形态各异，这就是**星云**。

如果我的出生与星云有关，
那就犹如诞生在梦境之中！

按照星云说的观点，整个太阳系原本是银河系中的一团密度较大的星云，经过长时间的演化，在引力的作用下，这团星云的中心物质逐渐形成了一颗巨大的**恒星**——太阳。

恒星：由炽热气体组成、本身能发光、发热的天体。如果天气晴朗，我们可以在夜晚看到它们。太阳是离地球最近的恒星。

星云说又分为不同的假说，我们这里讲的是众多星云说中的共同观点。

太阳形成后，星云中的其他物质并没有停止运动。它们继续撞来撞去，又因为引力而相互聚集在一起，最后形成了**行星**。

我也是这些行星中的一员！

行星：自身不发光，只环绕着恒星运转的天体。

刚出生的地球宝宝虽然没有太阳那样巨大的能量，但是作为行星，它天生拥有几项了不起的技能。

1. 我也有引力。
2. 我擅长转圈圈，人类称这为"自转"。
3. 我能以足够大的速度沿着固定轨道绕着太阳转，人类称这为"公转"。

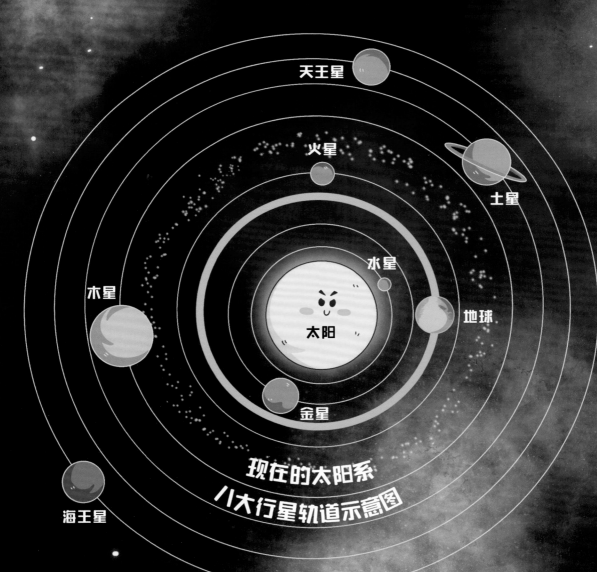

天王星

火星

土星

木星

水星

地球

太阳

金星

海王星

现在的太阳系
八大行星轨道示意图

最初，地球宝宝的脾气非常"暴躁"。它就像一个沸腾的大火球，到处都是爆发的火山和四处流淌的岩浆。

同时，它还要承受宇宙中小行星和陨石的撞击。可想而知，没有生物可以在上面生存哪怕一秒钟。

不过，在地球宝宝的内部，变化正在悄悄地发生。

原本，所有物质都是混杂在一起的。在重力的作用下，渐渐地，一些较轻的物质上浮，形成地幔和地壳；一些较重的物质下沉，形成地核。于是，地球分化，出现了同心圈层。

科学家向我们展示了现在的地球内部的样子：

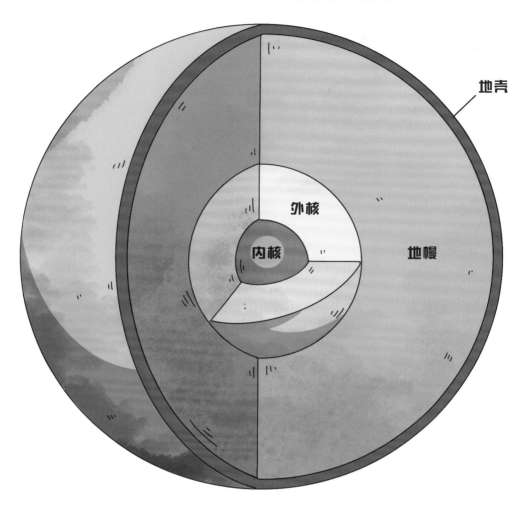

如果把地球比作巧克力球，地球分化前后的样子大概是这样的：

不分层的巧克力球
（最初的地球）

多层巧克力球
（圈层分化后的地球）

大约 39 亿年前，地球 7 亿岁。它长大了些，也"冷静"了下来。地球表面不再遍布岩浆，而是变为坚固的大地。

宇宙依然很危险，陨石没有停止对地球的撞击，它们在地球表面留下了很多巨大的陨石坑。

不过，危险和机会总是同时到来。坠落的陨石为地球带来了最珍贵的礼物——**水**。

这是我送你的礼物，以表我的心意！

不好意思，我们每颗陨石只能带来一点点水。

我不介意，积少成多嘛！

就这样，水一点点地填满了陨石坑，直到地球表面变成一片汪洋。

关于地球上水的形成有多种假说，这里说的为其中一种。

7亿岁的地球"外冷内热"，外表被水覆盖，内部是炽热的岩浆。

终于有一天，岩浆冲破地壳喷涌而出。它们漂浮在海洋上，渐渐冷却，变成了火山岛。

很久很久之后，这些小岛经历了分分合合，聚在一起形成了超级大陆。它们后来陆续分裂开来，最终形成了现在的六个大陆。

罗迪尼亚超大陆：大约 11 亿年前形成的超级大陆。

盘古大陆：大约 2.5 亿年前形成的超级大陆，如今
地球上的六个大陆就是盘古大陆分裂形成的。

在成长的过程中，我常常觉得很孤独。我虽然很早就拥有了水，但还没有生命，连一条小鱼都没有。

后来我才知道，只有水是不够的，还必须拥有氧气。很可惜，我拥有二氧化碳、氮气、水蒸气，就是没有氧气！

事情的转机出现在我8亿岁的时候。现在回想起来，我还是激动万分，那真是神奇的一刻！

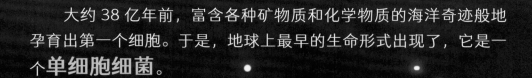

大约 38 亿年前，富含各种矿物质和化学物质的海洋奇迹般地孕育出第一个细胞。于是，地球上最早的生命形式出现了，它是一个**单细胞细菌**。

单细胞细菌：在之后很长的一段时间里，它们是地球上唯一的生物。

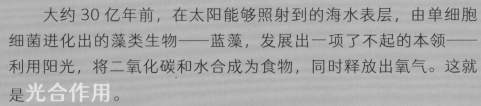

大约 30 亿年前，在太阳能够照射到的海水表层，由单细胞细菌进化出的藻类生物——蓝藻，发展出一项了不起的本领——利用阳光，将二氧化碳和水合成为食物，同时释放出氧气。这就是光合作用。

浅滩上长出了很多像岩石一样的东西，它们是叠层石，是由蓝藻沉积的矿物质形成的。

在随后的一段时间里，这些蓝藻遍布浅海，坚持不懈地生产氧气。于是，越来越多的氧气开始进入海洋上方的大气。这一过程持续了数亿年，被称为**大氧化事件**。氧气急剧增加，地球大气彻底变了样。

水有了，氧气也有了，我满心期待地准备迎接更多生物的到来。谁知，事情远没我想象的那样简单。大气温度总是忽高忽低，就在我大约39亿岁时，我竟然变成了一个冰球！

根据一些科学家的推测，大约7亿年前，由于地壳运动，大陆分裂，火山喷发，释放出大量的二氧化碳。

之后，酸雨将大气中的二氧化碳带回地面，被陆地上的岩石吸收。

二氧化碳是一种温室气体，它能够帮助地球保存太阳的热量。

    同时，大陆分裂使浅滩面积增加，生活在浅滩中的细菌因此也大量增加，它们不断通过光合作用吸收二氧化碳，导致大气中的二氧化碳急剧减少，地球再也无法保留太阳的热量，温度降到零下50℃，冰川出现了。

    雪白的冰川可以反射大部分阳光，这样一来，地球的温度进一步下降，从而形成更多的冰川，地球进入了漫长的冰川期。

我好像进入了冬眠，全身覆盖着冰层，断断续续睡了数千万年，直到……

火山再次大量喷发，数十亿吨的二氧化碳喷涌而出，它们重新为地球"盖上被子"，太阳辐射到地球的热量得以保存，冰川逐渐融化，温度开始上升。

从冰冻中苏醒后，我非常担心海洋里的生物，它们可是好不容易才出现的。令我惊讶的是，一些生物竟然在极寒中存活了下来！

奇虾： 身长将近 2 米，是凶猛的捕食者。拥有一对分节、带刺的巨型前肢，可快速捕捉到猎物。除此之外，它还长有一对巨眼和一条大尾扇。

到了大约 5.2 亿年前，海洋里发生了翻天覆地的变化，这里已经是一番生机勃勃的景象。

大海中氧气充足，幸存下来的生物逐渐进化，海底长出了植物，新奇的物种层出不穷，这个时期被称为**寒武纪生命大爆发**。

威瓦西亚虫： 背上披着鳞状硬片。

三叶虫： 拥有坚硬的外壳，与现在的昆虫有亲缘关系。

皮卡虫： 看上去像蠕虫，长有一条被认为是原始脊椎的脊索。

我很高兴海洋终于热闹起来，可是当我望向陆地时，又感到十分沮丧。陆地上什么都没有，没有动物，没有植物。它们为什么不去陆地上生活呢？

对于大多数生命来说，陆地上的太阳辐射是致命的，它们只能躲在海水中。好在臭氧出现了。臭氧层能够保护地球上的生命不受紫外线的伤害，为海洋生物登上陆地创造了条件。

有的植物高达 30 米。

大约 3.6 亿年前，在苔藓和蕨类植物率先登上陆地后，一些鱼类也相继上岸。它们的鳍进化为腿和脚，成为早期的两栖动物。

大约3亿年前，陆地上到处都是高大的植物。这时已经出现了你看上去熟悉的生物，比如巨脉蜻蜓，它们看上去很像今天的蜻蜓的超级放大版。这是因为空气中氧含量增加，使得动物们的体形变得格外巨大。

巨脉蜻蜓：左右翅膀之间的宽度能接近1米。

蝎子：身长约0.3米。

节胸马陆：身长约2米。

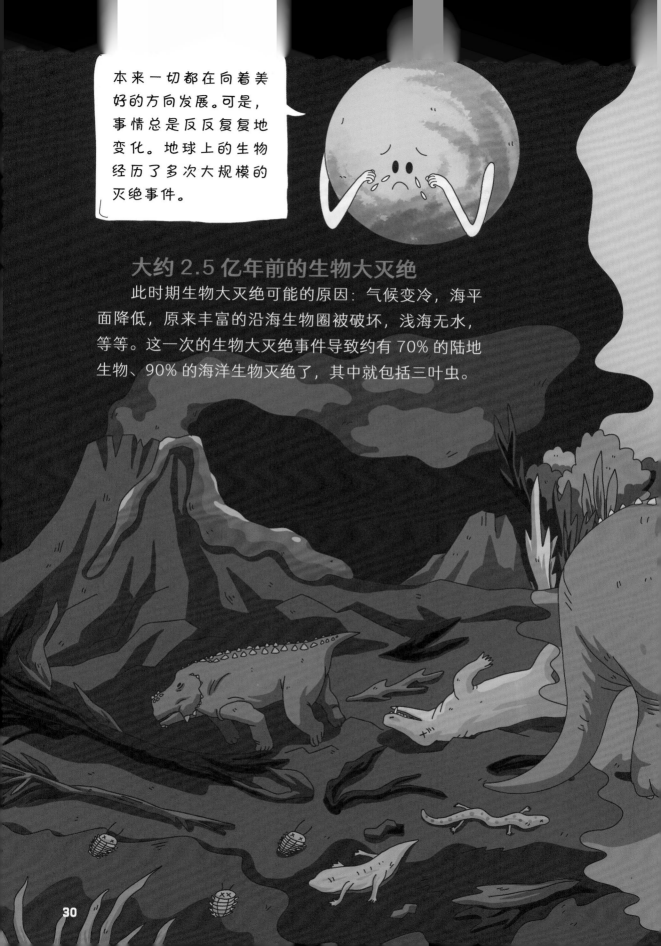

本来一切都在向着美好的方向发展。可是，事情总是反反复复地变化。地球上的生物经历了多次大规模的灭绝事件。

大约 2.5 亿年前的生物大灭绝

此时期生物大灭绝可能的原因：气候变冷，海平面降低，原来丰富的沿海生物圈被破坏，浅海无水，等等。这一次的生物大灭绝事件导致约有 70% 的陆地生物、90% 的海洋生物灭绝了，其中就包括三叶虫。

大约 6500 万年前的生物大灭绝

此时期生物大灭绝可能的原因：小行星撞击地球，大型山火爆发，产生的烟雾和灰尘遮挡住阳光，导致植物无法进行光合作用而相继枯萎，许多食草动物又因食物短缺而死去，继而是食肉动物开始消亡。

恐龙大约出现在 2.4 亿年前，由爬行动物进化而成。由于气候变暖，它们通常长得很庞大。在之后的 1.6 亿年里，恐龙是陆地上的绝对统治者，直到大约 6500 万年前灭绝。

一切似乎又回到了原点，但是我不再难过。46亿年的成长告诉我，在物种消亡的背后，往往蕴藏着新的生机。

　　恐龙的灭绝为哺乳动物提供了机会，那时的哺乳动物体形较小且多是杂食性动物，它们躲过了山火和烟雾，开始踏上进化的旅程。

大约180万年前，早期人类出现了，我们把他们称为**直立人**。

大约19.5万年前，**智人**出现在非洲大陆上，他们已经和我们十分相像了。

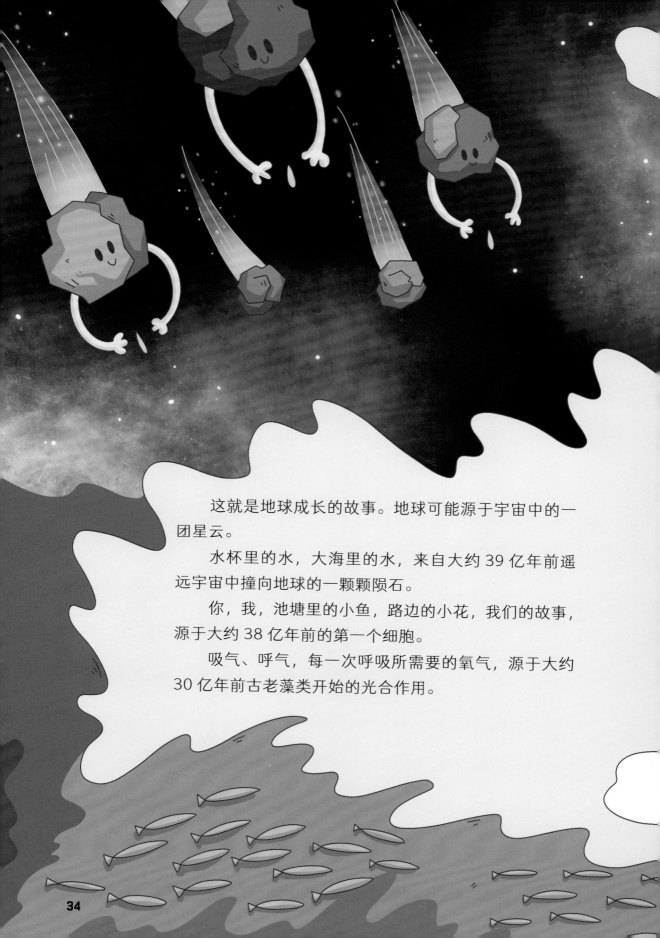

这就是地球成长的故事。地球可能源于宇宙中的一团星云。

水杯里的水，大海里的水，来自大约 39 亿年前遥远宇宙中撞向地球的一颗颗陨石。

你，我，池塘里的小鱼，路边的小花，我们的故事，源于大约 38 亿年前的第一个细胞。

吸气、呼气，每一次呼吸所需要的氧气，源于大约 30 亿年前古老藻类开始的光合作用。

地球积攒了大约 46
亿年的力量。我们和它一
样，我们都很强大。

扫码收听关于地球的有趣故事

地球的一封信

张明 著 侯婷 绘

GUANGXI NORMAL UNIVERSITY PRESS
广西师范大学出版社
· 桂林 ·

SHANG TIAN RU HAI TAN DIQIU　　DIQIU DE YI FENG XIN
上天入海探地球　地球的一封信

出版统筹：汤文辉	责任编辑：戚　浩	特约选题策划：张国辰　孙　倩
品牌总监：李茂军	宋婷婷	特约编辑：孙　倩　冉卓异
选题策划：李茂军	美术编辑：刘淑媛	特约封面设计：苏　玥
戚　浩	营销编辑：李倩雯	特约内文制作：高巧玲
责任技编：郭　鹏	赵　迪	

图书在版编目（CIP）数据

地球的一封信 / 张明著；侯婷绘. --桂林：广西师范大学出版社，
2023.5
（上天入海探地球）
ISBN 978-7-5598-5918-1

Ⅰ．①地… Ⅱ．①张… ②侯… Ⅲ．①地球—少儿读物
Ⅳ．①P183-49

中国国家版本馆 CIP 数据核字（2023）第 045746 号

广西师范大学出版社出版发行

（广西桂林市五里店路 9 号　　邮政编码：541004）
（网址：http://www.bbtpress.com）
出版人：黄轩庄
全国新华书店经销
北京博海升彩色印刷有限公司印刷
（北京市通州区中关村科技园通州园金桥科技产业基地环宇路 6 号
邮政编码：100076）
开本：787 mm × 1 092 mm　1/16
印张：2.5　　字数：37.5 千
2023 年 5 月第 1 版　　2023 年 5 月第 1 次印刷
定价：198.00 元（全 8 册）

院士爷爷写给
孩子们的一封信

亲爱的小朋友们：

　　你们好！

　　我从 1957 年进入北京大学开始学习地球物理专业，至今已有 65 年的时间。这期间我一直在从事气候变化领域的研究，一直在关注地球的"健康"。

　　小时候，我随父母走过许多地方，看过许多次地球的"喜怒无常"：有时刮起的大风会吹断树枝掀翻屋顶，有时高温不断，有时洪水泛滥……地球为什么会出现这些现象，是不是"生病"了？有没有什么方法能让人们少受灾害的影响？生活在其他地方的小朋友有没有遇到和我一样的问题？那时的我和你们一样，对探索地球充满了好奇心。

　　慢慢地我发现，地球的秘密可太多了：天上的云、海里的洋流、空气中的风……不同的气候造就了地球上丰富多彩的自然景观，还极大地影响了人类的文明。与此同时，我们人类的活动也在影响着地球和人类未来的命运——即使全球的平均气温只比之前上升 1℃，也能导致冰川融化、很多物种灭绝、极端灾难事件频发。我觉得，应该把地球的秘密告诉所有关心地球的人们，尤其是你们，让我们一起来了解地球，保护地球。

　　今天，看到长期从事科普宣传的工作者们为小朋友制作的这套融汇气象、地理、生物、天文等多个科学领域的绘本《上天入海探地球》，我很欣慰，因为这套绘本里面写了很多关于地球的故事。我是在上大学期间才对灾害性天气有了明确的认知，想到你们从小就能看到这么多有趣的故事，能了解到这么多知识，我由衷地感到，你们是幸福的。

　　最后，祝愿你们健康快乐地成长！让我们一起为了人类更美好的未来，携手应对全球气候变化，保护我们共同的家园吧！

中国工程院院士 丁一汇

2022 年 10 月 18 日

地球

我是**地球**，请允许我向你介绍我自己。

对于你而言，我就在你的脚下。但对于我而言，我处在茫茫的宇宙中。

宇宙里至少有数万亿个星系。我住在一个叫银河系的星系里，这里有 1 000 亿～4 000 亿颗恒星，还有好多像我一样的行星。

宇宙实在太大了，但我一点儿也不害怕，因为我围绕着一颗叫**太阳**的恒星运转，她不断地为我提供着光和热。我身边有一颗绕着我运转的卫星，她叫**月亮**。我还有七个兄弟姐妹，我们一起组成了银河系中的一个小家庭——**太阳系**。

跟我的兄弟姐妹们比起来，我的个头不算大；相比于太阳，我就更渺小了。但如果你到太空来，一定一眼就能认出我，因为我是一颗非常特别的星球。

木星

火星

金星

太阳

海王星

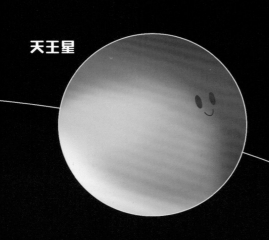
天王星

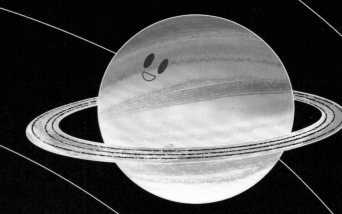
土星

地球
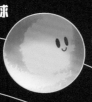 ● 月亮

水星

我身上有很多水域，这使我看上去像一个蓝蓝的水球。这些广阔的水域就是**海洋**。我的表面大约有 71% 都被海洋覆盖。

　　没有被海洋覆盖的部分是**陆地**。**格陵兰岛**是面积最大的岛屿。人们规定，面积大于格陵兰岛的陆地就是**大陆**，面积小于格陵兰岛的陆地就是**岛屿**。大陆与它周围的岛屿合起来称为**大洲**。

　　你生活在哪块大陆上呢？

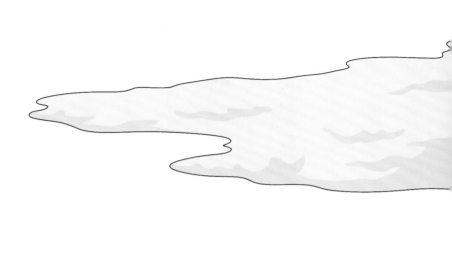

地球上的海洋分为四大洋：
太平洋、大西洋、印度洋、
北冰洋。
地球上的陆地分为七大洲：
亚洲、非洲、北美洲、南
美洲、南极洲、欧洲和大
洋洲。

从宇宙中看，我是一个光滑的球体。但你一定见过连绵的山脉，知道我的表面其实凹凸不平。就连看似平整的海面下，也隐藏着各种各样的地形。

山地

高原

盆地

丘陵

平原

海拔 500 米以上，相对高度大于 200 米，具有耸立的山峰、陡峭的山坡。

海拔 500 米以下，相对高度小于 200 米，起伏平缓的隆起高地。

像盆子一样，四周高、中部低。

海拔 500 米以上，外围较陡，顶面地势较为平坦的高地。

海拔 200 米以下，地势平缓、起伏较小的地区。

火山岛 —————— 大洋中露出海面的火山地形，由火山喷发物堆积而成。

位于海洋底部，相对高度在1 000米以上的山。

深海丘陵

海底山

大陆架

大陆坡

海盆

大陆向海洋的自然延伸，是陆地的一部分。

海洋底部狭长、幽深的凹槽。

介于大陆架与大洋底部之间的过渡地带。

海洋底部巨大的近似圆形或椭圆形凹地。

海沟

大洋底部高度小于海山的水下丘陵或山冈。

你知道吗？其实你脚下的大地一直在移动。

这个大地，就是我的表面，它由坚硬的岩石组成，被人类称为**岩石圈**。我的内部非常火热，有着滚烫的**岩浆**。岩石圈就漂浮在岩浆上，随着岩浆缓慢地移动。

岩石圈包括地壳和上地幔顶部。

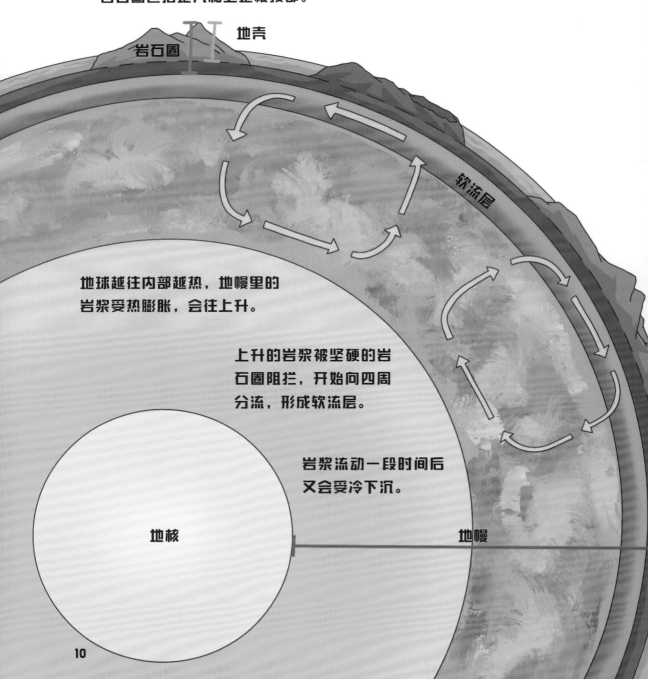

岩石圈　地壳

软流层

地球越往内部越热，地幔里的岩浆受热膨胀，会往上升。

上升的岩浆被坚硬的岩石圈阻拦，开始向四周分流，形成软流层。

岩浆流动一段时间后又会受冷下沉。

地核

地幔

我的岩石圈不像鸡蛋壳那样浑然一体，而是分为六大**板块**和若干小板块。它们被岩浆推动着，不断挤来挤去或者相互分离，让我的表面变得皱皱巴巴的。

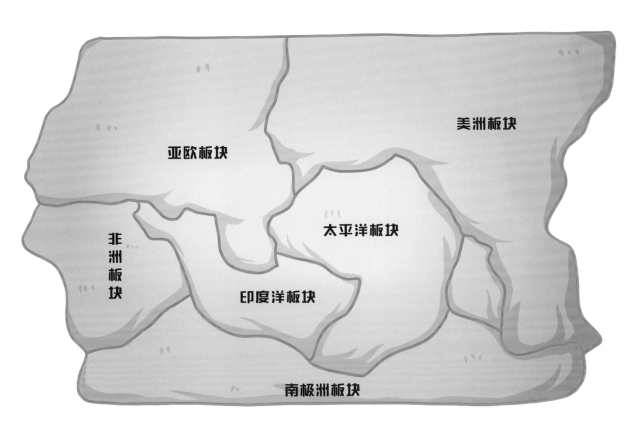

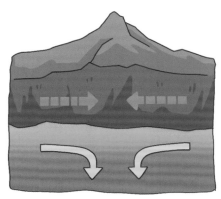

板块碰撞形成突起的山脉

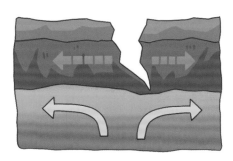

板块张裂形成裂谷

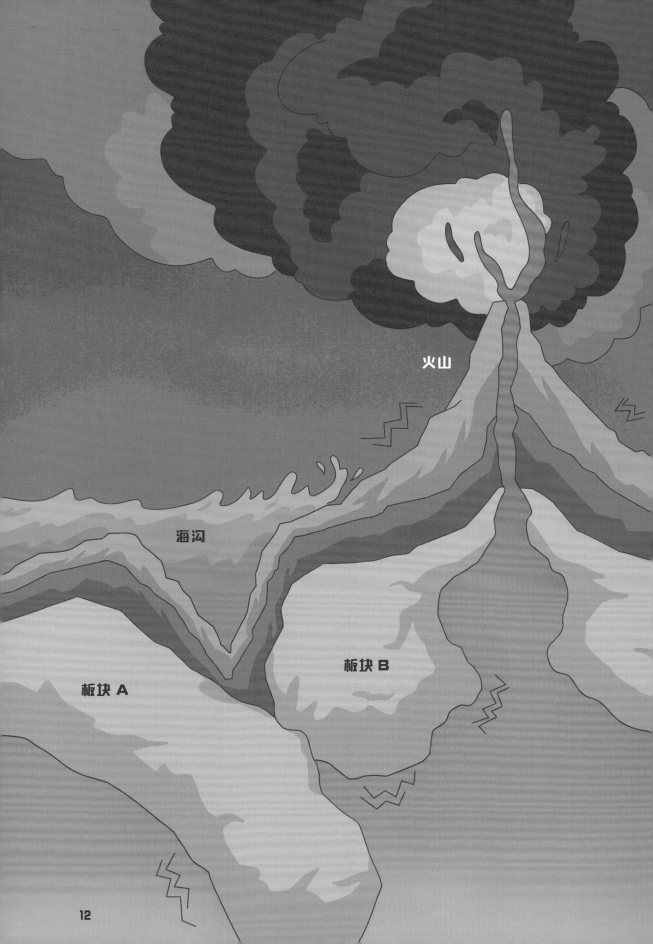

你是不是觉得很不可思议？脚下的大地一直在移动，你却对此毫无感觉。

这是因为板块移动的速度非常慢，每年只移动 1~10 厘米。

不过，板块运动并不平静。在不同板块的交界处，板块间的碰撞最为激烈，这里的岩石圈常会发生破裂，岩浆从裂缝里喷发出来，形成　　　。岩石圈破裂时还可能产生震动，这时地面上就会地动山摇，这就是**地震**的成因之一。

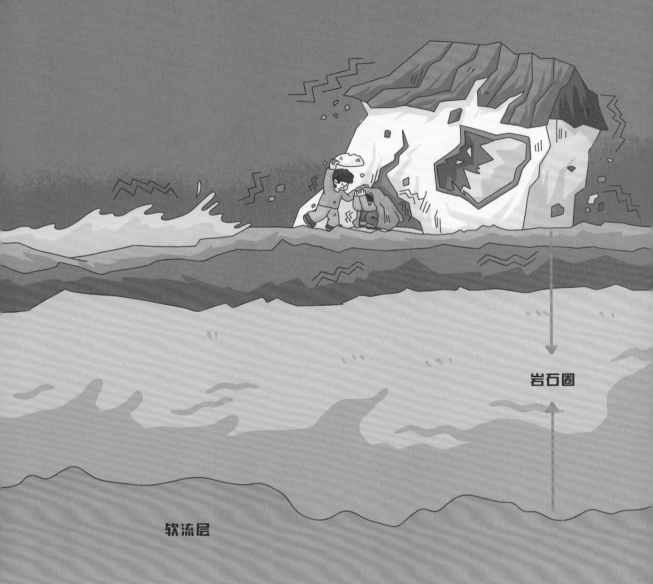

岩石圈

软流层

13

目前看来，与太阳系中的其他兄弟姐妹相比，我最特别的地方在于我的身上存在着**生命**。无论是陆地上还是海洋里，都生活着许许多多的生物，其中就包括身为人类的你。

虽然在宇宙里，我渺小得像一粒灰尘，但对于你而言，我就是唯一而广袤的家园。

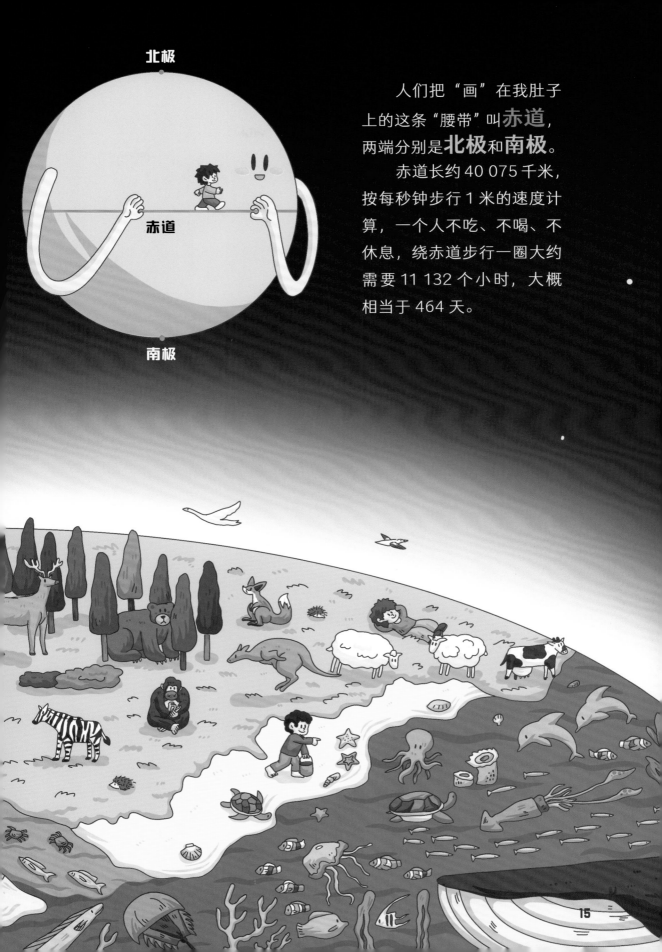

人们把"画"在我肚子上的这条"腰带"叫**赤道**，两端分别是**北极**和**南极**。

赤道长约 40 075 千米，按每秒钟步行 1 米的速度计算，一个人不吃、不喝、不休息，绕赤道步行一圈大约需要 11 132 个小时，大概相当于 464 天。

对于你来说，我实在太大了，所以你平时感受不到自己生活在一个球体上。

在很久以前，人们甚至认为我是平的，而天空像锅盖一样盖在我的身上。

很长一段时间里，人们对于我的形状争论不休，直到出现了一个叫麦哲伦的葡萄牙人。

麦哲伦坚信我是圆的。他认为，如果一个人从一个地点出发，一直朝一个方向航行，那他就能再次回到出发的地点。他真的这么做了！麦哲伦率领船队，成功地绕着我航行了一整圈，用实际行动证明我确实是一个球体。

到了现代，人们把卫星发射到太空，终于看清了我圆滚滚的全貌。

人们还发现，我并不是一个标准的圆球，而是肚子略鼓，头顶和脚底略扁的椭圆球体。

人们不仅能精确地观测我的形状，还制造出了我的缩小模型——**地球仪**。地球仪上有纵横交错的线，横向的是**纬线**，纵向的是**经线**。

　　经纬线并不真实存在于我的身上，而是人们给我穿上的"格子外罩"。每一条纬线和经线都有一个坐标，也就是**纬度**和**经度**。我表面上的任何一个地点，都可以用经度和纬度来表示。

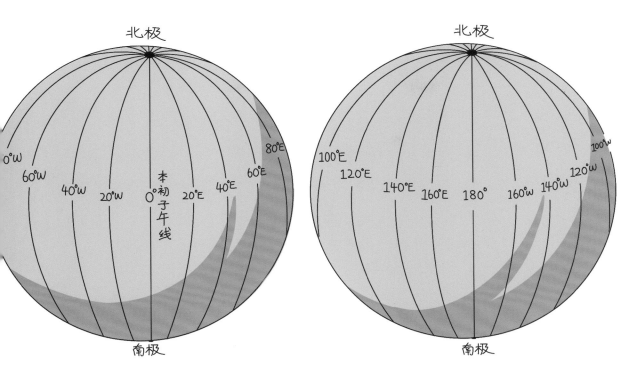

人们把通过英国格林尼治天文台旧址的那条经线设定为 0°经线，也叫**本初子午线**。从 0°经线向东、向西各划分出 180°，分别称为**东经**和**西经**。东经用"E"表示，西经用"W"表示。

赤道的纬度是 0°。

从赤道向北、向南各划分出 90°，分别称为**北纬和南纬**。北纬用"N"表示，南纬用"S"表示。

北极在北纬 90°。

南极在南纬 90°。

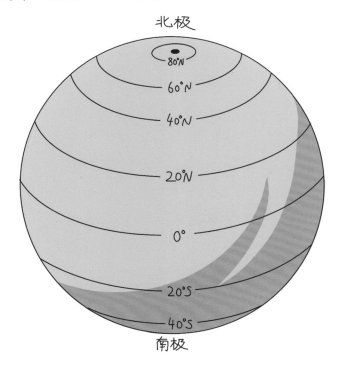

太阳光

如果你轻轻拨动地球仪，它会骨碌碌地旋转起来。实际上，我也一样会旋转，而且是一刻不停地在宇宙中旋转着。

我旋转一周大约需要 24 小时，也就是一天。在旋转的过程中，我面向太阳的一面处于白天，背对太阳的一面处于**黑夜**。随着我的旋转，白天和黑夜不断交替。

通常，你会感觉白天热，夜晚冷。这是因为我表面的热量大部分来自太阳，所以面向太阳的一面会比较热，背对太阳的一面会比较冷。

地轴是地球自转所绕的轴。和经纬线一样，地轴也不是真实存在的，而是人们为了更方便地研究地球，假设出的地球自转轴。

除了自转，我还同时围绕着太阳转。这可是一个大圈子，我绕太阳转一圈，需要大约一年的时间。

地球围绕太阳运转被称为**地球公转**，
地球公转的路线就是地球**公转轨道**。

我的肚子常年炎热，而头顶和脚底非常冰冷。这是因为肚子能被阳光直射，获得的热量多；头顶和脚底只能被阳光斜射，获得的热量少。

如果我站得笔直，那么阳光就会一直直射赤道。在这种情况下，北半球和南半球获得的热量会一样多，而且它们都正好有一半地区面对太阳，一半地区背对太阳，所有地区的白天和黑夜将会一样长。

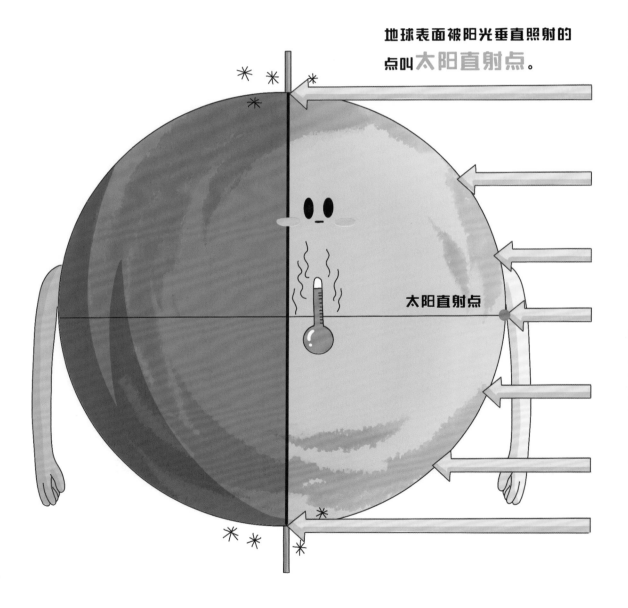

地球表面被阳光垂直照射的点叫**太阳直射点**。

太阳直射点

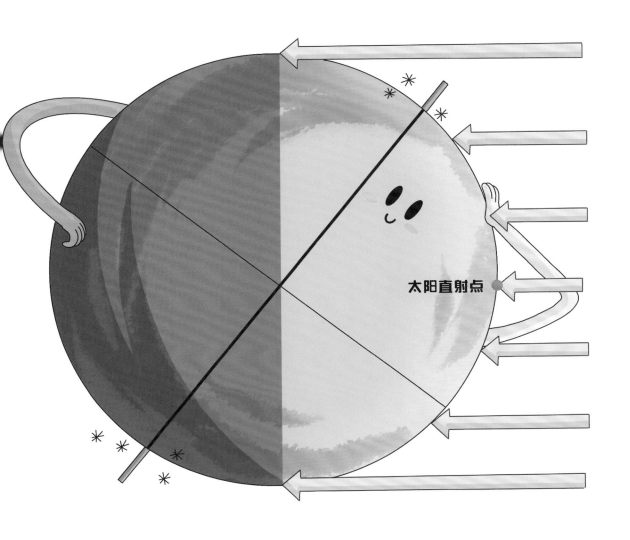

太阳直射点

实际上，我并没有站得笔直，而是倾斜着围绕太阳转，这个姿势让我感觉更舒服。也正因为这样，阳光不会一直直射着赤道。

当我在公转轨道上运转时，太阳直射点会随之移动，我的表面受到太阳照射的情况也各不相同，由此产生了春、夏、秋、冬的季节变迁，以及昼夜长短的变化。

6月21或22日，太阳直射北回归线，北半球处于夏季。夏至是北半球白天最长、夜晚最短的一天。

北回归线

夏至

秋分

赤道

9月22或23日，太阳直射赤道，北半球处于秋季。南北半球昼夜平分。

太阳直射点向北最远能移动到北纬 23°26′，这条纬线被称为**北回归线**。

太阳直射点向南最远能移动到南纬 23°26′，这条纬线被称为**南回归线**。

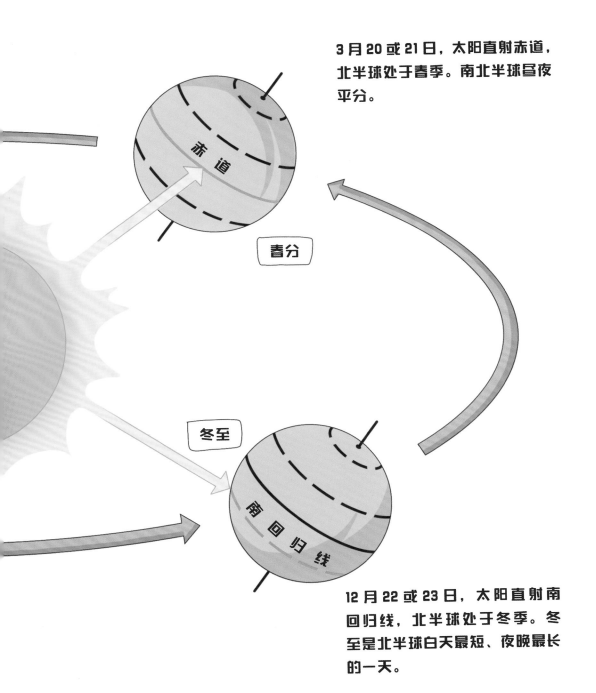

3 月 20 或 21 日，太阳直射赤道，北半球处于春季。南北半球昼夜平分。

赤道

春分

冬至

南回归线

12 月 22 或 23 日，太阳直射南回归线，北半球处于冬季。冬至是北半球白天最短、夜晚最长的一天。

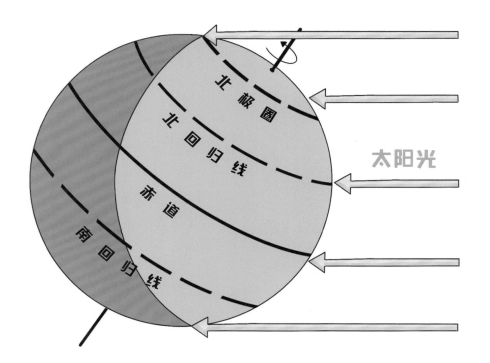

太阳光

当我转呀转，转到阳光直射北半球时，北半球获得的热量多，就会进入一年中最热的季节——夏季。

这个时候，北半球被阳光照到的区域比较大，照不到的区域比较小。所以在夏季，身处北半球的你会感到白天比夜晚长。

不过，不管我再怎么转，此时我的头顶北极，都一直被太阳照射着。在北极的天空中，太阳一整天都不会落下，这种现象叫**极昼**。

别玩了，都晚上12点了，该睡觉了。

当我转到公转轨道的另一边时，太阳直射点就移动到了南半球。北半球获得的热量变少，进入一年中最冷的季节——冬季。

这个时候，北半球被阳光照到的区域比较小，照不到的区域比较大。所以在冬季，身处北半球的你会感到白天比夜晚短。

此时，北极甚至照不到太阳，黑夜整日笼罩着天空，这种现象叫**极夜**。

快到中午了，还不起床？

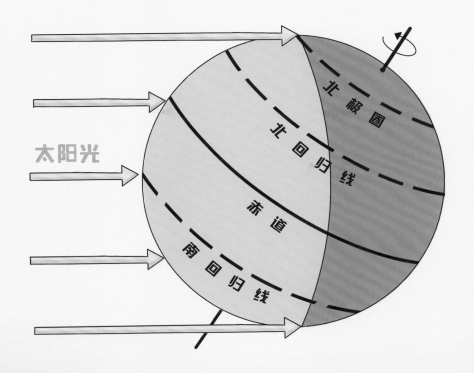

太阳光

北极圈

北回归线

赤道

南回归线

　　如果你住在南半球，你的情况就会跟北半球的正好相反。比如，北半球处于夏季时，南半球正是冬季；北半球白天长、夜晚短时，南半球则白天短、夜晚长。

所以在冬季,身处北半球的你,会感到白天比夜晚短。

此时,北极甚至照不到太阳,整日笼罩着天空,这种现象

如果你住在南半球,你会跟北半球的正好相反。如,北半球处于夏季时,南半球是冬季;北半球白天长、夜晚短,则白天短、夜晚长。

好了,就写到这我,就看看脚下的一在一起。

好了，就写到这里吧！如果你想见到我，就看看脚下的大地，我随时随地都与你在一起。

爱你的地球

扫码收听关于地球的有趣故事

出发，洋流号！

刘亚玲 著　侯婷 绘

GUANGXI NORMAL UNIVERSITY PRESS
广西师范大学出版社
·桂林·

SHANG TIAN RU HAI TAN DIQIU　　CHUFA YANGLIU HAO
上天入海探地球　出发，洋流号！

出版统筹：汤文辉	责任编辑：戚　浩	特约选题策划：张国辰　孙　倩
品牌总监：李茂军	宋婷婷	特 约 编 辑：孙　倩　冉卓昇
选题策划：李茂军	美术编辑：刘淑媛	特约封面设计：苏　玥
戚　浩	营销编辑：李倩雯	特约内文制作：高巧玲
责任技编：郭　鹏	赵　迪	

图书在版编目（CIP）数据

出发，洋流号！/ 刘亚玲著；侯婷绘. --桂林：广西师范大学出版社，
2023.5
　（上天入海探地球）
　ISBN 978-7-5598-5918-1

　Ⅰ．①出⋯　Ⅱ．①刘⋯　②侯⋯　Ⅲ．①海流—少儿读物
Ⅳ．①P731.21-49

　中国国家版本馆 CIP 数据核字（2023）第 047915 号

广西师范大学出版社出版发行

（广西桂林市五里店路 9 号　邮政编码：541004　）
（网址：http://www.bbtpress.com　）
出版人：黄轩庄
全国新华书店经销
北京博海升彩色印刷有限公司印刷
（北京市通州区中关村科技园通州园金桥科技产业基地环宇路 6 号
　邮政编码：100076）
开本：787 mm × 1 092 mm　1/16
印张：2.5　　　字数：37.5 千
2023 年 5 月第 1 版　　2023 年 5 月第 1 次印刷
定价：198.00 元（全 8 册）
如发现印装质量问题，影响阅读，请与出版社发行部门联系调换。

院士爷爷写给孩子们的一封信

亲爱的小朋友们：

你们好！

我从 1957 年进入北京大学开始学习地球物理专业，至今已有 65 年的时间。这期间我一直在从事气候变化领域的研究，一直在关注地球的"健康"。

小时候，我随父母走过许多地方，看过许多次地球的"喜怒无常"：有时刮起的大风会吹断树枝掀翻屋顶，有时高温不断，有时洪水泛滥……地球为什么会出现这些现象，是不是"生病"了？有没有什么方法能让人们少受灾害的影响？生活在其他地方的小朋友有没有遇到和我一样的问题？那时的我和你们一样，对探索地球充满了好奇心。

慢慢地我发现，地球的秘密可太多了：天上的云、海里的洋流、空气中的风……不同的气候造就了地球上丰富多彩的自然景观，还极大地影响了人类的文明。与此同时，我们人类的活动也在影响着地球和人类未来的命运——即使全球的平均气温只比之前上升 1℃，也能导致冰川融化、很多物种灭绝、极端灾难事件频发。我觉得，应该把地球的秘密告诉所有关心地球的人们，尤其是你们，让我们一起来了解地球，保护地球。

今天，看到长期从事科普宣传的工作者们为小朋友制作的这套融汇气象、地理、生物、天文等多个科学领域的绘本《上天入海探地球》，我很欣慰，因为这套绘本里面写了很多关于地球的故事。我是在上大学期间才对灾害性天气有了明确的认知，想到你们从小就能看到这么多有趣的故事，能了解到这么多知识，我由衷地感到，你们是幸福的。

最后，祝愿你们健康快乐地成长！让我们一起为了人类更美好的未来，携手应对全球气候变化，保护我们共同的家园吧！

中国工程院院士 丁一汇

2022 年 10 月 18 日

在繁华的城市街道上，汽车一辆接着一辆有秩序地向前行驶，川流不息。

在大海中，海水也会像马路上的车流一样，沿着特定的路线行进，这就是**洋流**。

现在，让我们乘坐"洋流号"大船，到大海上去看洋流吧！

2

3

要想揭开洋流的秘密，我们首先要知道什么是**海水运动**。

海水也像我们一样，会跑、会跳、会做操吗？

当然不是这种运动……

洋流号

波浪：
海水有规律地进行波状起伏运动。

海水每时每刻都在运动，看似风平浪静，实则暗流涌动。海水运动主要有三种形式：**波浪、潮汐**和**洋流**。

潮汐：

通常又称海洋潮汐，指海洋水面发生周期性的涨落现象。

洋流：

我们的主角，也是海水运动最主要的形式。

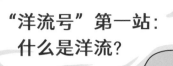

**"洋流号"第一站：
什么是洋流？**

　　简单来说，洋流就是大海中的一股水流，就像陆地上的江河一样。洋流常年比较稳定地沿着一定的方向大规模流动。

　　如果我们把一个漂流瓶扔入浩瀚的大海，它也许会神奇地出现在地球另一端的海岸边。在漫长的海洋之旅中，负责运送漂流瓶的，就是洋流这个稳定、可靠的运输员。

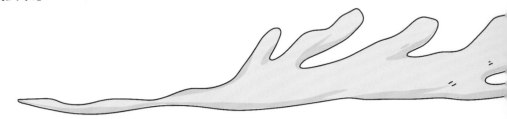

"洋流号"第二站：
洋流有哪些类型？

从形成的原因来看，洋流大致分为三类：**风海流、密度流**和**补偿流**。

这些名字有些难懂，不过我猜，风海流一定和风有关。

没错，猜对了！

世界上很多地区，在它们的某一时段内，风总是从一个方向刮来。这种风称作**盛行风**。盛行风吹拂海面，推动海水随风漂流。上层的海水带动下层海水运动，从而形成规模很大的洋流，这就是**风海流**。

　　在各个海域中，海水的温度、盐度不同导致海水密度的分布也不同，由此引起的海水运动就是洋流的第二种类型——**密度流**。

　　地中海的海水密度比大西洋的大，海水会斜向下流入大西洋，而大西洋的表层海水则会流入地中海。

大西洋

地中海

直布罗陀海底山脊

洋流的第三种类型叫作**补偿流**。

　　某一海区的风海流或密度流将一部分海水带走后，导致这片海区的海水减少，海面下降。这个时候，相邻海区的海水就会流过来，形成一股新的洋流。这股新的洋流就是补偿流。

除了根据形成原因把洋流分为风海流、密度流、补偿流之外，还有另外一种根据温度分类的方式，可以把洋流分成**寒流**和**暖流**。寒流是由水温低的海区流向水温高的海区，暖流则是由水温高的海区流向水温低的海区。

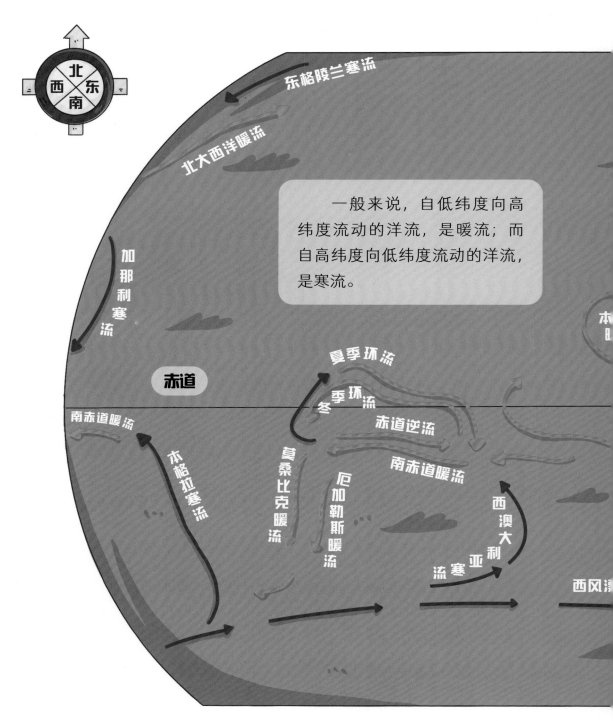

一般来说，自低纬度向高纬度流动的洋流，是暖流；而自高纬度向低纬度流动的洋流，是寒流。

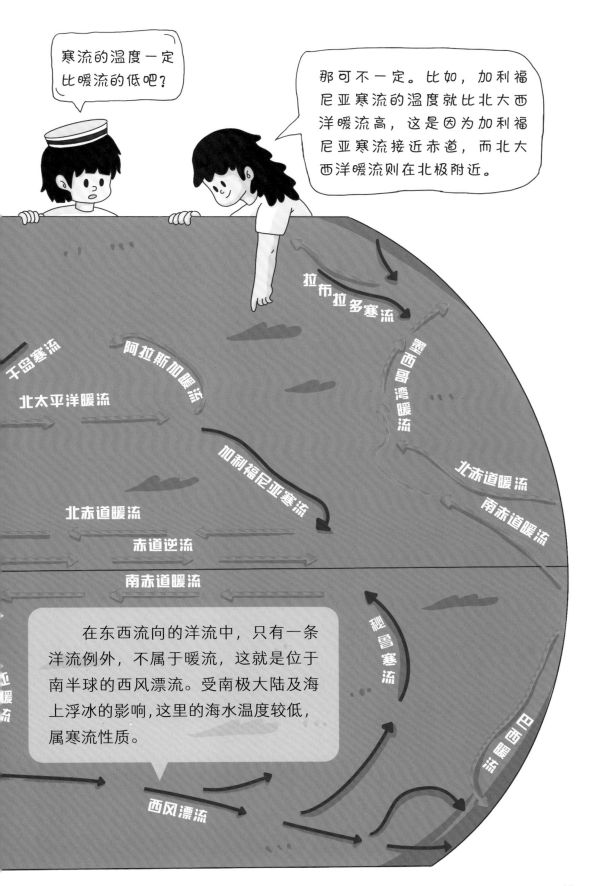

寒流的温度一定
比暖流的低吧？

那可不一定。比如，加利福
尼亚寒流的温度就比北大西
洋暖流高，这是因为加利福
尼亚寒流接近赤道，而北大
西洋暖流则在北极附近。

拉布拉多寒流

千岛寒流

阿拉斯加暖流

北太平洋暖流

墨西哥湾暖流

加利福尼亚寒流

北赤道暖流

北赤道暖流

南赤道暖流

赤道逆流

南赤道暖流

秘鲁寒流

在东西流向的洋流中，只有一条
洋流例外，不属于暖流，这就是位于
南半球的西风漂流。受南极大陆及海
上浮冰的影响，这里的海水温度较低，
属寒流性质。

西风漂流

15

洋流最主要的作用就是运输，而且它是具有超强能力的运输员。大海中的海水、热量、盐量、各种海洋生物等，都会随着洋流运动，从一个海区到达另一个海区。在洋流的帮助下，各个海区之间"愉快地"进行着物质交换。

嗨！这是你要的货物。

洋流还是一位平衡高手。

在地球表面，三分是陆地，七分是海水，海洋是影响气候的重要因素之一。洋流可以把低纬度地区的热量源源不断地输送到中纬度、高纬度地区，使各纬度地区之间的温差相对稳定。

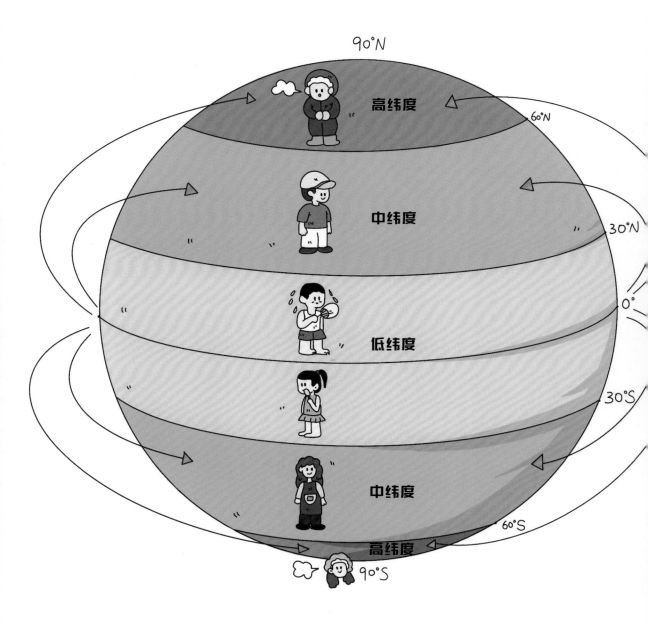

如果没有洋流来输送热量，地球会出现什么状况呢？

那将变得非常糟糕。热带地区的温度要比现在高出 10℃ 左右，而极地附近的温度则比现在要低 20℃ 以上。也就是说，热的地方会更热，冷的地方会更冷！

但在一些地区，洋流又会变身为差异制造者，改变热量的分布。比如，有些地方的东岸和西岸，就分别有着完全不同的气候和景致。

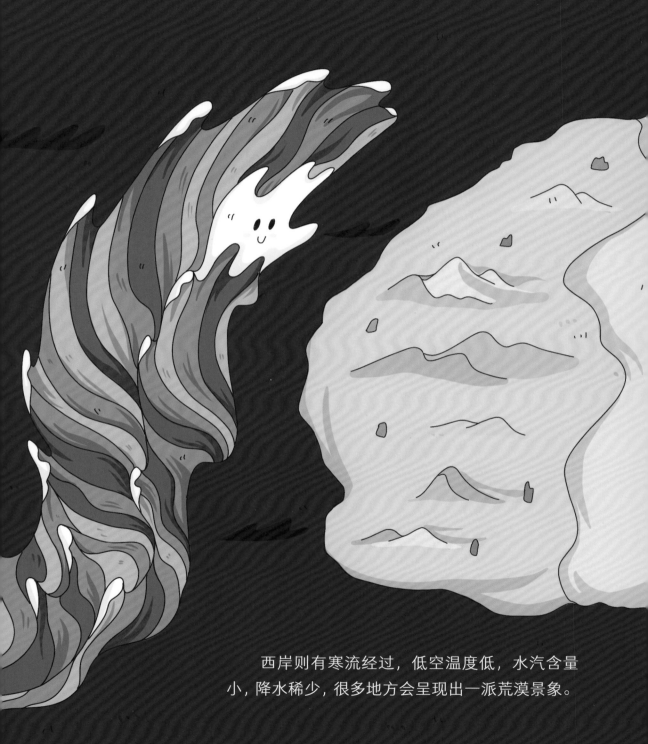

西岸则有寒流经过，低空温度低，水汽含量小，降水稀少，很多地方会呈现出一派荒漠景象。

这个地区的东岸有暖流经过，气温高，大气中含有大量的水汽，降水特别多，通常会有壮观的森林。

你爱吃海鲜吗？洋流作为渔场制造者，还会影响我们的餐桌呢！

洋流通过不断地运动和交换，会影响鱼虾等海洋生物在大海中的分布情况。通常情况下，在寒流、暖流交汇处，或者有大规模上升流的地方，往往可以形成大规模的**海洋渔场**。

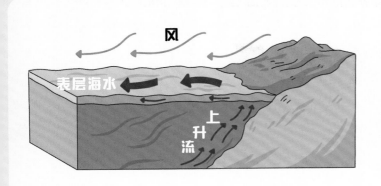

上升流

通常发生在沿岸地区。在风的长期吹送下，表层海水被推离海岸。这时，底层海水就会向上流动，来补偿表层流失的海水，形成上升流。

我只听说过人工养鱼场，大海中怎么也有渔场？

海洋渔场是大海中的鱼类或其他水产经济动物聚集的海域，可供人类进行大量捕捞。

鱼吃浮游生物。浮游生物包括浮游动物、浮游植物，以及一些真菌和细菌。

浮游动物的生存依靠浮游植物。

浮游植物的生长，又离不开大海中的营养盐类。

这鱼太好吃了！

鱼群喜欢聚在寒流、暖流交汇的地方，也是为了一个"吃"字。

在寒流、暖流交汇处，海水受到扰动而上下翻腾，海底丰富的营养盐类被带到了海水表层。浮游植物生长茂盛，浮游动物大量繁殖，各种鱼蜂拥到这里觅食，从而形成了天然的大渔场。

洋流不仅是渔场制造者，还能帮助动物，是名副其实的动物帮手。

企鹅主要生活在南半球，多数分布在南极地区，所以一直被视为南极的象征，但事实上，只有帝企鹅和阿德利企鹅完全生活在南极，现存的大部分企鹅生活在纬度较低的温带地区，就连炎热的赤道地区也有企鹅的身影。

在赤道附近的科隆群岛上，生活着憨态可掬的加岛环企鹅。

加岛环企鹅，又名加拉帕戈斯企鹅或科隆企鹅，是企鹅家族中唯一生活区域到达了北半球的企鹅。

你们怎么跑到赤道来了？

别提了！还不是因为我们的祖先贪吃，追着食物，顺着秘鲁寒流一路漂到了这里。

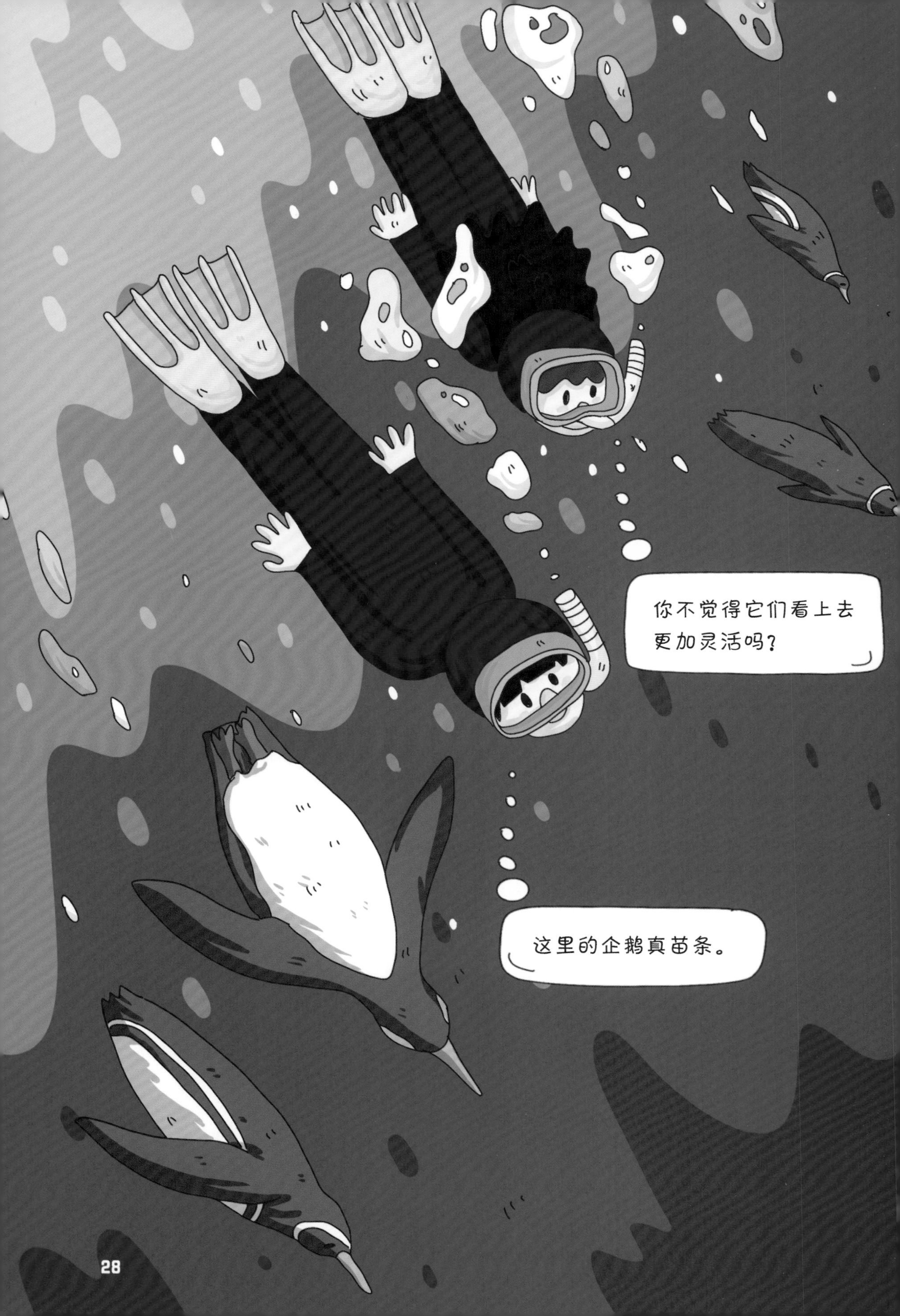
你不觉得它们看上去更加灵活吗？
这里的企鹅真苗条。

从故乡南极来到遥远的赤道，加岛环企鹅要忍受巨大的温度变化，身体不断得到进化。

加岛环企鹅的平均身高只有 50 厘米左右，还不到南极企鹅的一半，而且体形匀称。这是因为企鹅在南极严寒地区必备的保温、抗冻脂肪层，对于生活在热带地区的加岛环企鹅来说，就显得多余了。

| 人类
平均身高
1.75 米 | 卡氏古冠企鹅
平均身高
1.6 米
（已灭绝） | 帝企鹅
平均身高
1.1 米 | 王企鹅
平均身高
0.9 米 | 加岛环企鹅
平均身高
0.5 米 |

虽然科隆群岛处于赤道附近的热带地区，但周围还是有较冷的海水的，加岛环企鹅仍然能够在水中寻觅食物。这多亏了洋流的帮助，而负责运送冰冷海水的运输员，正是秘鲁寒流。

科隆群岛是秘鲁寒流的必经地。年复一年，秘鲁寒流尽职地把南极洲附近的冰冷海水运送过来，喜欢寒冷的企鹅才能在这里定居。

科隆群岛

科隆群岛属于南美洲国家厄瓜多尔，横跨赤道，由 7 个大岛和几十个小岛组成。

谢谢

今日新鲜的南极海水，请查收！

凉爽极了！

除此之外，这里的海水养分充足，吸引了大量鱼群，为加岛环企鹅提供了丰富的食物。在这片远离南极的新天地中，加岛环企鹅得以长久地繁衍生息。

真舒服！

辛苦了！

辛苦了！

由于洋流总是沿着一个方向前进，不会轻易改变方向，所以它还是人类活动的好帮手。

轮船在远洋航行时，如果顺着洋流行驶，就可以节省大量的燃料。这就好比我们在机场拖着行李步行，如果走在自动扶梯上，就会更加省时、省力。

自动扶梯需要用到电，会消耗电能。洋流可是天然动力，免费帮助我们前行，真是太酷了！

乘风破浪，加速前进！

意大利航海家哥伦布第一次横渡大西洋时，从西班牙出发到达美洲，总共用了 37 天。隔年，哥伦布再次出发，这次他选择了另外一条航线，兜了一个大圈子，却只用了 20 天就抵达了美洲。路线远了，用时反而少了。

这是因为第一次航行时，船队逆着北大西洋暖流前进，而第二次航行时，则是顺着加那利寒流和北赤道暖流行进。

看清洋流的流向很重要！

"洋流号"终点站

　　这就是集运输员、平衡高手、差异制造者、渔场制造者、动物帮手于一身的洋流。

　　洋流给我们带来了很多的好处，不过当大海受到污染时，污染物也会随着洋流扩散到其他地方，从而给我们带来不利的影响。因此，我们需要共同努力来保护海洋。

亲爱的洋流，愿你唱着欢快的歌，永远奔涌向前。

扫码收听关于地球的有趣故事

守信用的风

刘亚玲 著 侯婷 绘

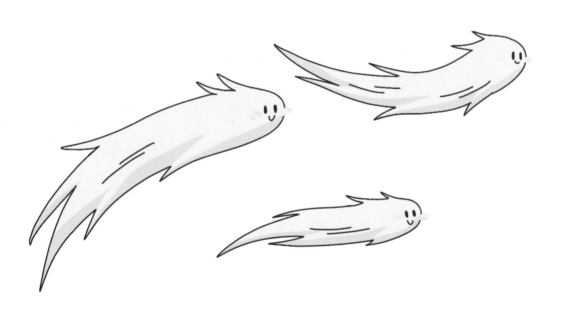

GUANGXI NORMAL UNIVERSITY PRESS
广西师范大学出版社
·桂林·

SHANG TIAN RU HAI TAN DIQIU　SHOU XINYONG DE FENG

上天入海探地球　守信用的风

出版统筹：汤文辉　　责任编辑：戚　浩　　特约选题策划：张国辰　孙　倩
品牌总监：李茂军　　　　　　　宋婷婷　　特 约 编 辑：孙　倩　冉卓异
选题策划：李茂军　　美术编辑：刘淑媛　　特约封面设计：苏　玥
　　　　　戚　浩　　营销编辑：李倩雯　　特约内文制作：高巧玲
责任技编：郭　鹏　　　　　　　赵　迪

图书在版编目（CIP）数据

守信用的风 / 刘亚玲著；侯婷绘. --桂林：广西师范大学出版社，
2023.5
　　（上天入海探地球）
　　ISBN 978-7-5598-5918-1

　　Ⅰ．①守… Ⅱ．①刘… ②侯… Ⅲ．①信风－少儿读物
Ⅳ．①P425.5-49

　　中国国家版本馆 CIP 数据核字（2023）第 045750 号

广西师范大学出版社出版发行

（广西桂林市五里店路 9 号　邮政编码：541004 ）
（网址：http://www.bbtpress.com　　　　　　　　　）
出版人：黄轩庄
全国新华书店经销
北京博海升彩色印刷有限公司印刷
（北京市通州区中关村科技园通州园金桥科技产业基地环宇路 6 号
　邮政编码：100076）
开本：787 mm × 1 092 mm　1/16
印张：2.5　　　字数：37.5 千
2023 年 5 月第 1 版　　2023 年 5 月第 1 次印刷
定价：198.00 元（全 8 册）
如发现印装质量问题，影响阅读，请与出版社发行部门联系调换。

院士爷爷写给孩子们的一封信

亲爱的小朋友们：

你们好！

我从1957年进入北京大学开始学习地球物理专业，至今已有65年的时间。这期间我一直在从事气候变化领域的研究，一直在关注地球的"健康"。

小时候，我随父母走过许多地方，看过许多次地球的"喜怒无常"：有时刮起的大风会吹断树枝掀翻屋顶，有时高温不断，有时洪水泛滥……地球为什么会出现这些现象，是不是"生病"了？有没有什么方法能让人们少受灾害的影响？生活在其他地方的小朋友有没有遇到和我一样的问题？那时的我和你们一样，对探索地球充满了好奇心。

慢慢地我发现，地球的秘密可太多了：天上的云、海里的洋流、空气中的风……不同的气候造就了地球上丰富多彩的自然景观，还极大地影响了人类的文明。与此同时，我们人类的活动也在影响着地球和人类未来的命运——即使全球的平均气温只比之前上升1℃，也能导致冰川融化、很多物种灭绝、极端灾难事件频发。我觉得，应该把地球的秘密告诉所有关心地球的人们，尤其是你们，让我们一起来了解地球，保护地球。

今天，看到长期从事科普宣传的工作者们为小朋友制作的这套融汇气象、地理、生物、天文等多个科学领域的绘本《上天入海探地球》，我很欣慰，因为这套绘本里面写了很多关于地球的故事。我是在上大学期间才对灾害性天气有了明确的认知，想到你们从小就能看到这么多有趣的故事，能了解到这么多知识，我由衷地感到，你们是幸福的。

最后，祝愿你们健康快乐地成长！让我们一起为了人类更美好的未来，携手应对全球气候变化，保护我们共同的家园吧！

中国工程院院士 丁一汇

2022年10月18日

在我们的地球上，不只是河水、海水可以流动，空气也是流动的。空气流动起来，就会形成**风**。

河水从一个地方，流向另一个地方。
风从一个地方，吹向另一个地方。

人们根据风吹来的方向——**风向**——为风命名。只要听到风的名字，我们就能马上知道风从哪个方向吹来。

北风

南风

西风

东风

东南风

东北风

西北风

西南风

雨水落下来，从高处流向低处，越聚越多，渐渐形成了河流。

和河水一样，空气也是从高处流向低处。只不过，这里的"高处"指的是**气压高**的地方，"低处"指的是**气压低**的地方。一个地方的气压与当地的空气的密度有关，看不见也摸不着。

高气压区

空气密集的地方，气压就会高。

空气从高处流向低处时，就
形成了风。

空气稀薄的地方，气压就会低。

为什么有的地方空气密集，有的地方空气稀薄呢？原因之一是空气会受到温度的影响。

当温度高时，空气会膨胀变轻，会往上升，这个地方的空气会变得稀薄。

当温度低时，空气会收缩变重，会向下沉，这个地方的空气会变得密集。

热气球下方有一个加热装置，用来加热热气球中的空气。

热空气带着我们升空啦！

当我们想返回地面时，通过调节加热装置，可以让热气球中的空气逐渐冷却，热气球就会慢慢降落下来。

空气冷却，我们在下沉！

空调通常安装在房间靠近天花板的位置，因为它制冷时，吹出来的冷空气密度大，会向下流动。

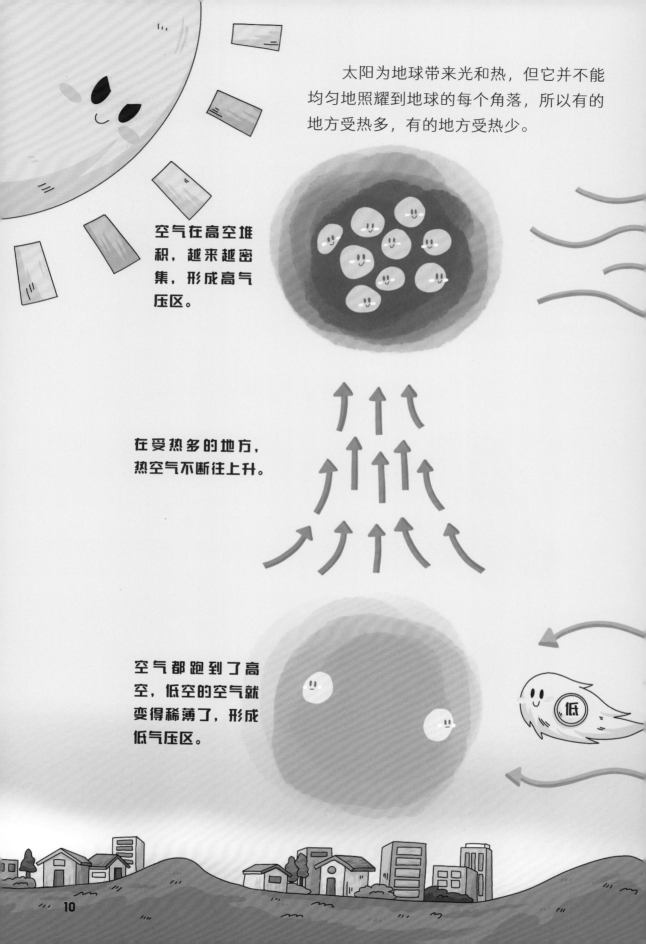

太阳为地球带来光和热，但它并不能均匀地照耀到地球的每个角落，所以有的地方受热多，有的地方受热少。

空气在高空堆积，越来越密集，形成高气压区。

在受热多的地方，热空气不断往上升。

空气都跑到了高空，低空的空气就变得稀薄了，形成低气压区。

低

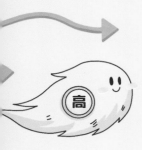

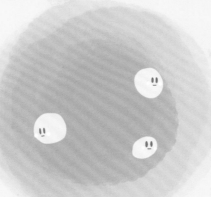

空气都跑到了低空，高空的空气变得稀薄，形成另一个低气压区。

当我们坐飞机在高空遇到颠簸时，就可以感受到高空的风的存在。

空气从高气压区流向低气压区，分别在高空和低空形成不同风向的风。

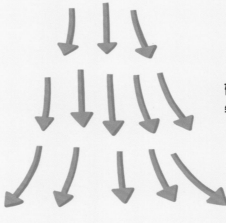

在受热少的地方，冷空气不断向下沉。

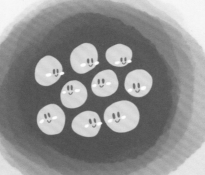

空气在低空堆积，越来越密集，形成另一个高气压区。

低空的风，是我们生活中能感受到的风。

在 200 多年以前，有人突发奇想：地球上，赤道地区长时间受太阳照射，常年炎热，空气受热上升；北极和南极则长时间受不到太阳照射，常年严寒，空气遇冷下沉。那么，在赤道和极地之间，风不就可以跨越半个地球，来回地奔跑吗？

提出这个假想的人，就是英国天文学家乔治·哈得莱。

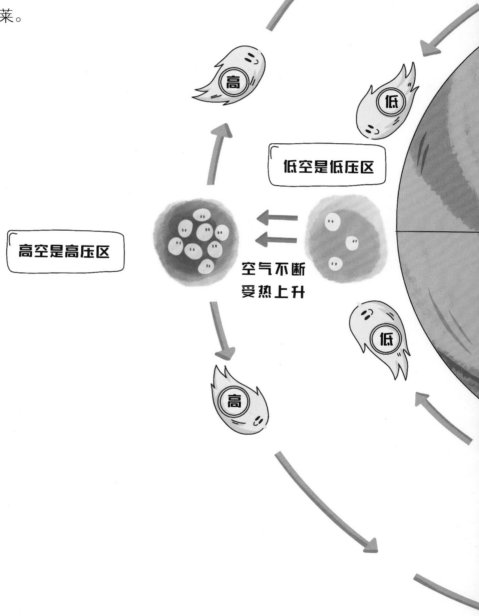

低空是低压区

高空是高压区

空气不断受热上升

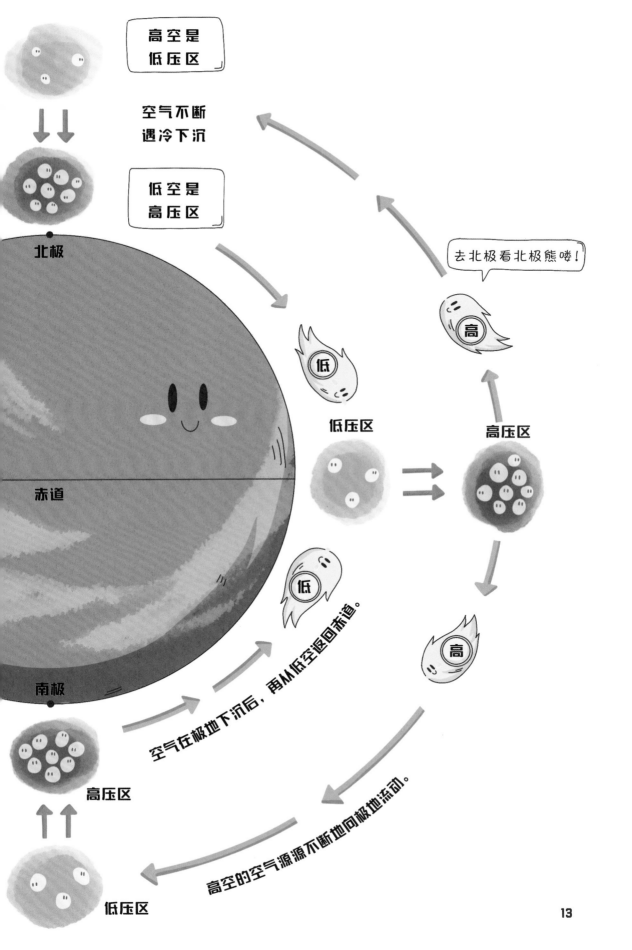

13

可是，后来的科学家发现，虽然赤道地区上升的热空气确实往两极流动，但它们并没有到达北极和南极，而是分别在北纬 30°和南纬 30°附近就下沉了，变成低空的风吹回了赤道。

这又是怎么回事呢？

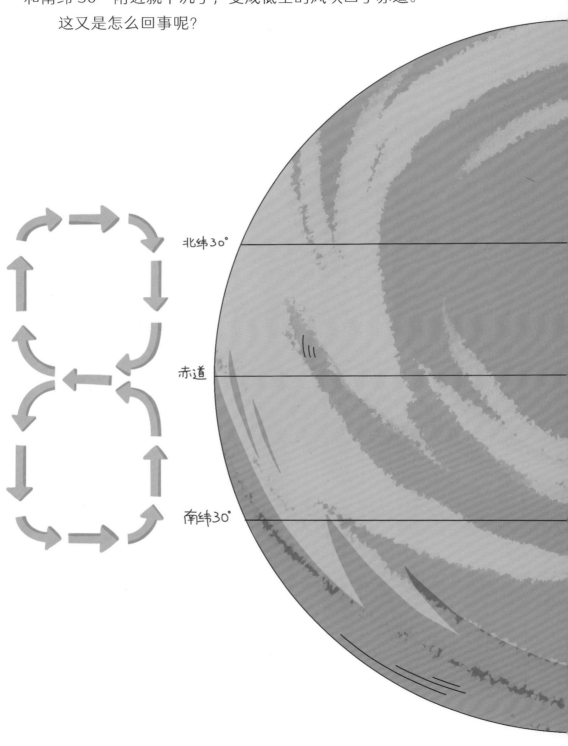

北纬30°

赤道

南纬30°

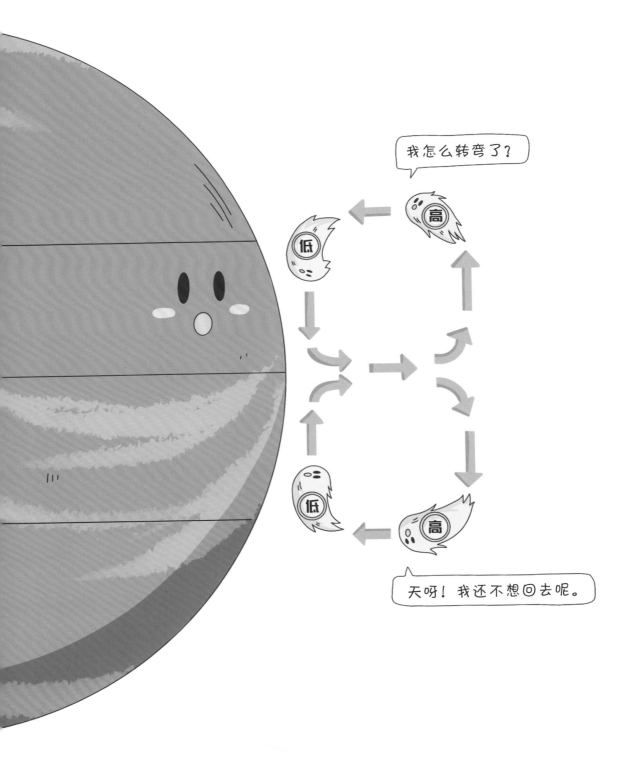

原来，哈得莱忽略了一个重要的因素——**地球的自转**。

我们的地球像陀螺一样不停地转动着，因为引力的作用，地球上的物体，包括周边的大气等物质，都被地球牢牢地"抓"在地球表面，没有被甩出去。

时刻记住我擅长转圈圈，不然研究就会出问题。

多亏了引力，不然我就被甩到外太空了。

当风在旋转的地球上前进时，它的方向会不由自主地发生改变，好像被谁拉了一下，这就是**地转偏向力**的作用。

这个时候，风就不能沿直线前进了，风向会发生变化。

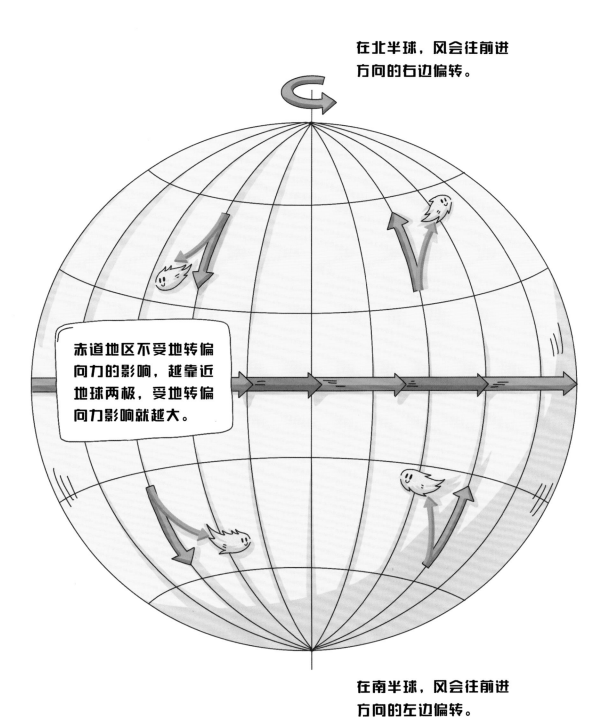

在北半球，风会往前进方向的右边偏转。

赤道地区不受地转偏向力的影响，越靠近地球两极，受地转偏向力影响就越大。

在南半球，风会往前进方向的左边偏转。

不只是风，在赤道以外的地区，所有水平运动中的物体都受地转偏向力的影响。

第一次世界大战期间，德国研制出一种巨型大炮，炮管足有 36 米长，能把炮弹发射到 131 千米外的地方，是当时世界上射程最远的大炮。

德军使用这种大炮，从德法边境将炮弹远远地发射到了巴黎，这种大炮因此一战成名，被称为"巴黎大炮"。但德军在轰击过程中发现，炮弹总是向右偏离目标，其实背后就是地转偏向力在"捣蛋"。

德法边境

这个炮打不准呀。

不求准，但求远！

巴黎

地转偏向力

由于地球自转，地球表面的物体沿水平方向运动时，受到与其运动方向相垂直的力，促使其运动方向产生偏转，这个力就是地转偏向力。

在生活中，我们似乎并没有受到地转偏向力的影响。这是因为和大大的地球相比，我们太渺小了，运动的速度慢，运动距离也很短，所以地转偏向力在我们身上产生的作用不明显。

从赤道高空吹向两极的风，在前进过程中被地转偏向力拉扯着，渐渐偏离原本的轨道，直到彻底改变方向，再也到不了极地了。

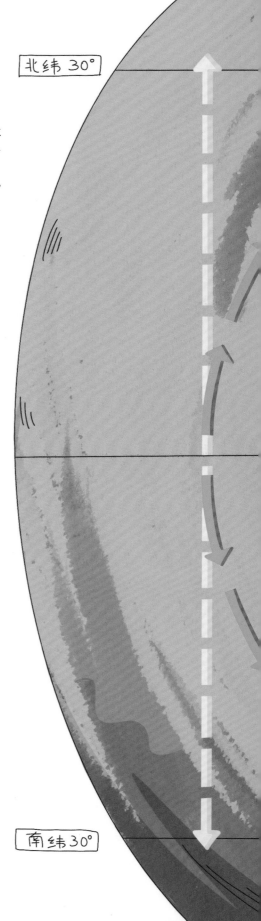

想走直线不容易。

吹向北极的南风不断向右偏，在北纬30°附近，由南风变为西风。

吹向南极的北风不断向左偏，在南纬30°附近，由北风也变为西风。

拐弯不是我本意。

就这样，空气分别在北纬30°和南纬30°附近的高空堆积起来，处在了一个进退两难的境地。

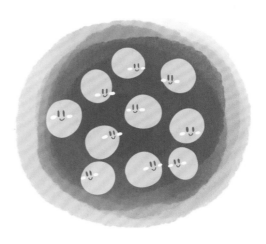

赤道上空的高气压区

空气受热上升

赤道低空的低气压区

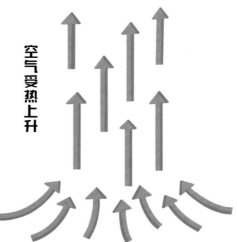

南半球也是同样的情况哟！

赤道

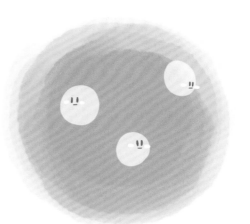

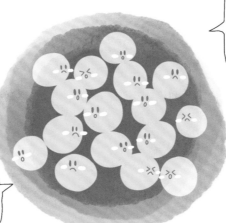

啊！你们怎么都挤在这里？

这里好拥挤，后面的队伍又来了！

赤道上空是高气压区，我们回不去。

空气在高空堆积。

被挤下来了！

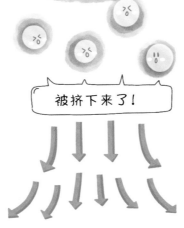

空气被迫下沉，在低空形成高气压区。

终于又跑起来了！

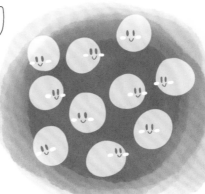

北纬30°

北纬30°

在回程的路上，地转偏向力又来"捣蛋"了。

在北半球，返回赤道的北风逐渐向右偏，
形成东北风，人们称它为"东北信风"。

东北信风

最终，东北信风和东南
信风在赤道处汇合。

赤道

东南信风

在南半球，返回赤道的南风逐渐向左偏，
形成东南风，人们称它为"东南信风"。

南纬30°

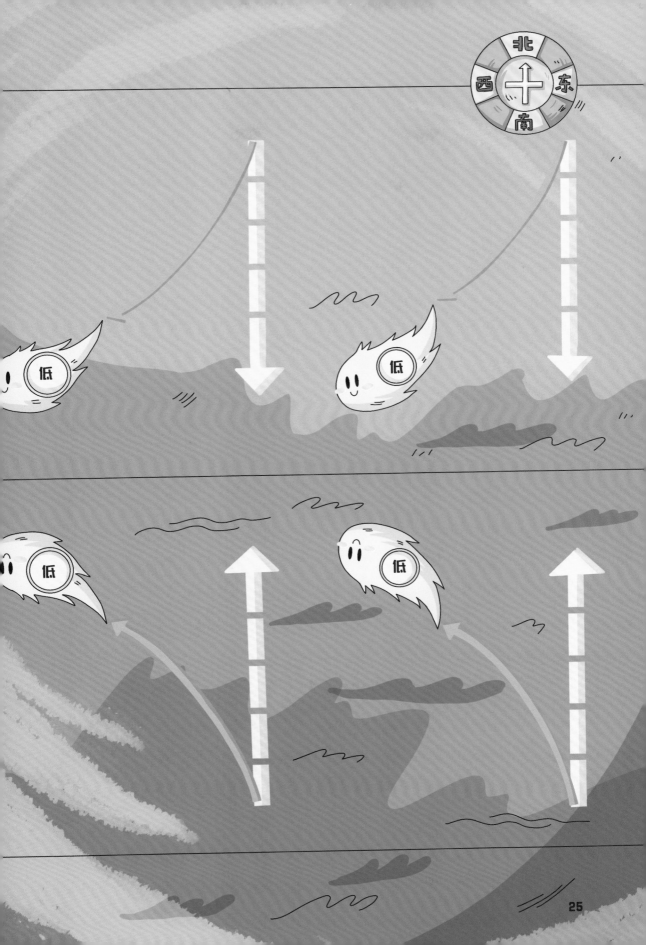

说起来，**信风**这个名字还是我国古人给取的。

　　凭借航海经验，古人发现一年当中有几个月，北纬 30°到赤道这一带，总是吹东北风；而南纬 30°到赤道这一带，又总是吹东南风，年年如此，几乎从不失约。他们认为这是非常守信用的风，称它们为"信风"。

　　在古代，人们在海上航行，主要靠风来推动船帆，所以掌握风的规律非常重要。

　　在西方，古代的航海家和商人们穿梭于海洋之上，与其他地方的人进行贸易，也多亏了信风的帮助。信风又被西方人称作"贸易风"。

如果遇上与航行方向相逆的风，或者到了很少刮风的区域，就会给船员造成大麻烦。北纬 30°附近的海域就是少风的地区，让古代途经这里的船队吃了不少苦头。

在航海家哥伦布发现美洲大陆后，欧洲人纷纷来到美洲开拓领地。可是他们发现美洲没有马，这对于习惯骑马出行和用马耕地的欧洲人来说，太不方便了。

于是，船队开始运送马匹去美洲。当他们航行到北纬 30°附近时，经常遭遇无风天气，帆船连续几个星期停在海面上，难以前行。大量马匹因缺少淡水和饲料而死去，船员只能把它们抛进海中。因此，北纬 30°也被称为"马纬度"。

公元 1405 年的夏天，在中国东南沿海的福州，停靠着一支浩浩荡荡的船队。为首的是郑和，他奉明成祖朱棣之命，率领船队向西远航。

这一年，船队于农历六月就从江苏太仓的刘家港出发，抵达福州之后便停在这里，一直到农历十二月，船队才从福州启航出海。他们在等待什么呢？

郑和的船队等待的，正是信风。

郑和是明代著名的航海家，曾率领船队进行七次远航，最远到达了非洲东海岸和红海，史称"郑和下西洋"。而这个世界航海史上的壮举，离不开信风的帮助。

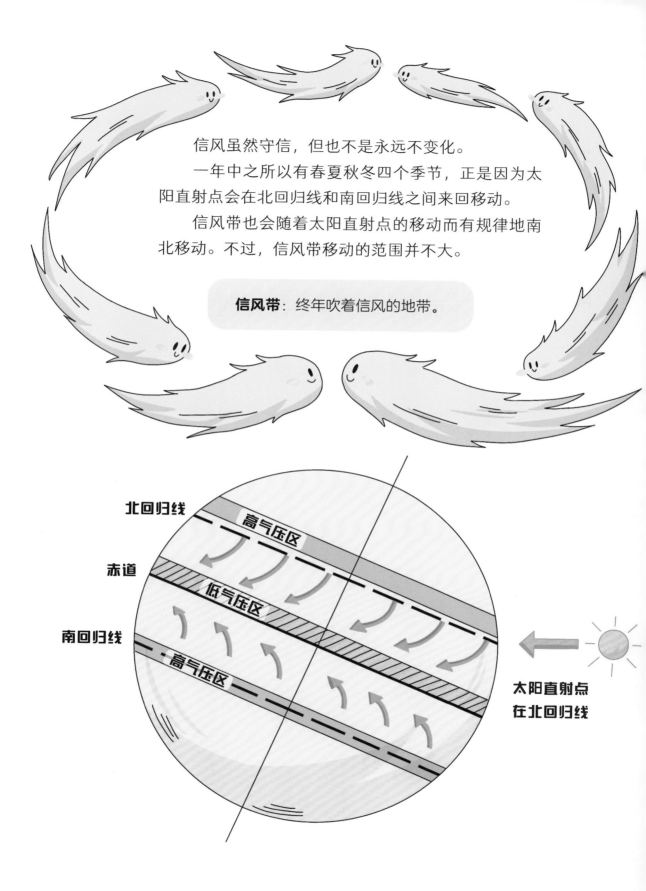

信风虽然守信，但也不是永远不变化。

一年中之所以有春夏秋冬四个季节，正是因为太阳直射点会在北回归线和南回归线之间来回移动。

信风带也会随着太阳直射点的移动而有规律地南北移动。不过，信风带移动的范围并不大。

信风带：终年吹着信风的地带。

北回归线

高气压区

赤道

低气压区

南回归线

高气压区

太阳直射点
在北回归线

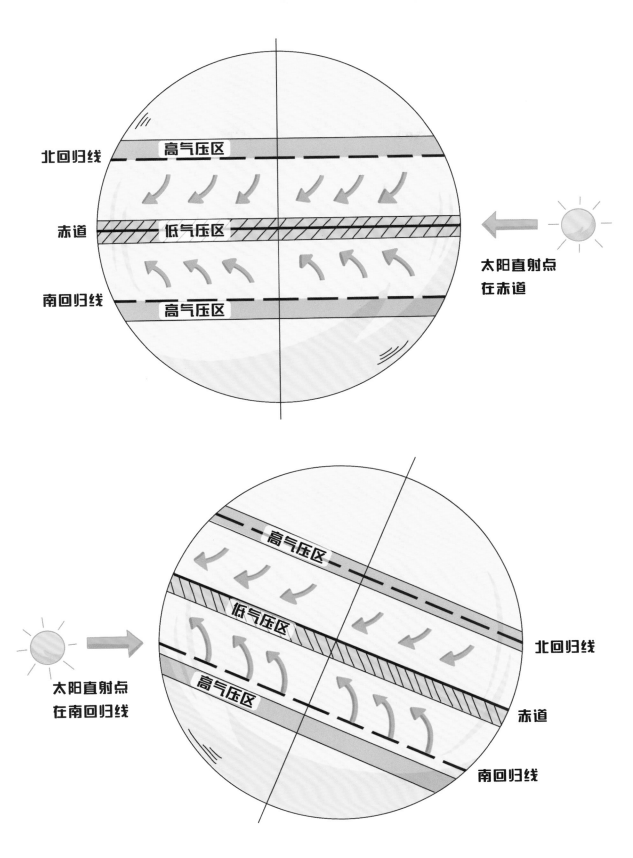

如今，全球气候正在变暖。如果赤道不再炎热，极地不再寒冷，信风恐怕就没办法守信用了。

想要信风一直这样靠谱，还需要我们人类共同努力。

在蒸汽机发明后，船员不需要完全依靠信风航行了。不过，我们还是要感谢信风对人类航海的帮助。

又见到你了，信风！

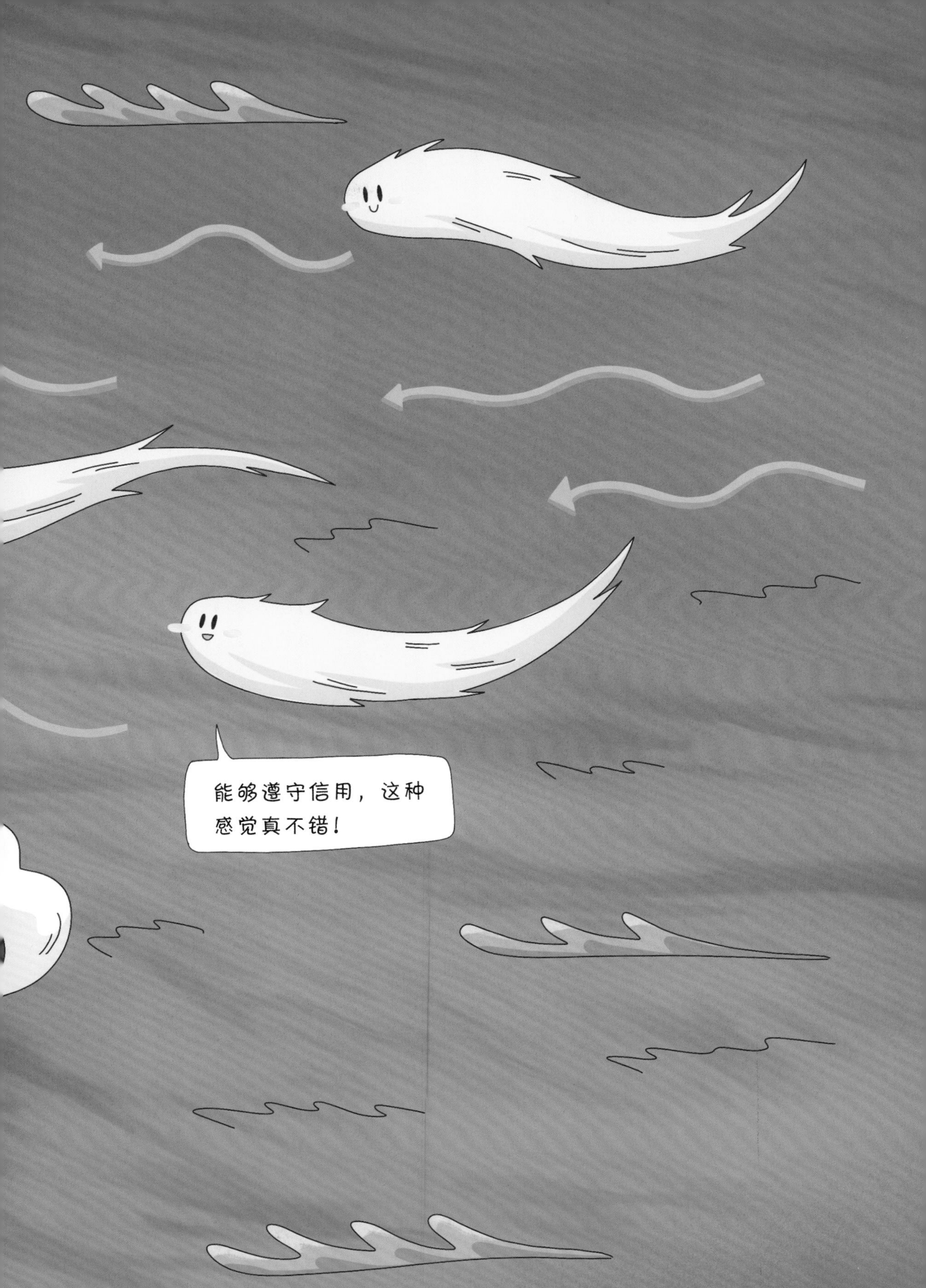
能够遵守信用，这种
感觉真不错！

扫码收听关于地球的有趣故事

你好，宜居城市！

成璐 著 侯婷 绘

GUANGXI NORMAL UNIVERSITY PRESS
广西师范大学出版社
·桂林·

SHANG TIAN RU HAI TAN DIQIU　　NIHAO YIJU CHENGSHI

上天入海探地球　你好，宜居城市！

出版统筹：汤文辉	责任编辑：戚　浩	特约选题策划：张国辰　孙　倩
品牌总监：李茂军	宋婷婷	特 约 编 辑：孙　倩　冉卓异
选题策划：李茂军	美术编辑：刘淑媛	特约封面设计：苏　玥
戚　浩	营销编辑：李倩雯	特约内文制作：高巧玲
责任技编：郭　鹏	赵　迪	

图书在版编目（CIP）数据

你好，宜居城市！/ 成璐著；侯婷绘. --桂林：广西师范大学出版社，
2023.5
（上天入海探地球）
ISBN 978-7-5598-5918-1

Ⅰ．①你… Ⅱ．①成… ②侯… Ⅲ．①城市环境－居住环境－少儿读物
Ⅳ．①X21-49

中国国家版本馆 CIP 数据核字（2023）第 045755 号

广西师范大学出版社出版发行

（ 广西桂林市五里店路 9 号　邮政编码：541004　）
　网址：http://www.bbtpress.com

出版人：黄轩庄
全国新华书店经销
北京博海升彩色印刷有限公司印刷
（北京市通州区中关村科技园通州园金桥科技产业基地环宇路 6 号
　邮政编码：100076）
开本：787 mm × 1 092 mm　1/16
印张：2.5　　　字数：37.5 千
2023 年 5 月第 1 版　　2023 年 5 月第 1 次印刷
定价：198.00 元（全 8 册）

如发现印装质量问题，影响阅读，请与出版社发行部门联系调换。

院士爷爷写给孩子们的一封信

亲爱的小朋友们：

你们好！

我从 1957 年进入北京大学开始学习地球物理专业，至今已有 65 年的时间。这期间我一直在从事气候变化领域的研究，一直在关注地球的"健康"。

小时候，我随父母走过许多地方，看过许多次地球的"喜怒无常"：有时刮起的大风会吹断树枝掀翻屋顶，有时高温不断，有时洪水泛滥……地球为什么会出现这些现象，是不是"生病"了？有没有什么方法能让人们少受灾害的影响？生活在其他地方的小朋友有没有遇到和我一样的问题？那时的我和你们一样，对探索地球充满了好奇心。

慢慢地我发现，地球的秘密可太多了：天上的云、海里的洋流、空气中的风……不同的气候造就了地球上丰富多彩的自然景观，还极大地影响了人类的文明。与此同时，我们人类的活动也在影响着地球和人类未来的命运——即使全球的平均气温只比之前上升 1℃，也能导致冰川融化、很多物种灭绝、极端灾难事件频发。我觉得，应该把地球的秘密告诉所有关心地球的人们，尤其是你们，让我们一起来了解地球，保护地球。

今天，看到长期从事科普宣传的工作者们为小朋友制作的这套融汇气象、地理、生物、天文等多个科学领域的绘本《上天入海探地球》，我很欣慰，因为这套绘本里面写了很多关于地球的故事。我是在上大学期间才对灾害性天气有了明确的认知，想到你们从小就能看到这么多有趣的故事，能了解到这么多知识，我由衷地感到，你们是幸福的。

最后，祝愿你们健康快乐地成长！让我们一起为了人类更美好的未来，携手应对全球气候变化，保护我们共同的家园吧！

中国工程院院士 丁一汇

2022 年 10 月 18 日

这是**地球**，它居住在太阳系的宜居带中，是太阳系中目前已知的唯一适合人类生存的星球。

我的大气很稀薄，无法阻挡有害宇宙射线，人类要在我这里生存，光有遮阳伞可不够。

火星

我是一个"两面派"，白天表面温度可以高达 432℃，夜晚可降至零下 172℃。

地球

水星

金星

我的大气层里裹着厚厚的二氧化碳，表面温度从不低于 400℃，还经常下腐蚀性很强的硫酸雨，就问你们人类怕不怕！

我这里不仅寒冷，还刮着强烈的风暴，人类在我这里会瞬间被吹出大气层。

我远离太阳，最低温度可以达到零下224℃。

海王星

天王星

木星

土星

我们是气态星球，主要由气态物质组成，人类在我们这里没有立足之地。

天文学家把这个环形区域称为太阳系的**宜居带**，这里离太阳既不算太近，也不算太远，适合液态水存在，最有可能孕育出生命。

这是地球上的一座现代化城市。

现代化城市通常包括住宅区、商业区等，有居民楼、街道、医院、学校、办公楼、百货商场、广场、公园、公共绿地……

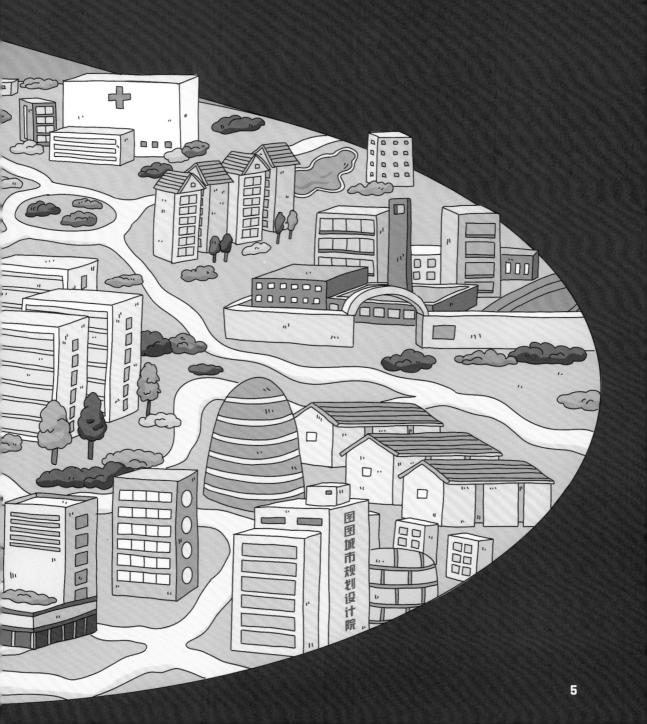

这是图图先生，他是一位**城市规划师**，每天的工作是和各种各样的设计图打交道，在设计图上绘制出漂亮又规整的直线、斜线、曲线……

图图先生最大的理想是设计出**宜居城市**。这里说的"宜居"和天文学家所说的"宜居带"可不一样。怎样才算是宜居城市呢？宜居城市要有健康的生态环境，居民生活便利，社会安全，经济富裕，美誉度高。

想要建设一座宜居城市，需要各行各业的人们共同的协作与努力。

而图图先生和建筑师，则需要对城市街道、建筑物、各类设施等进行合理的布局和设计，让生活在这里的人们居住起来感到特别舒服。

居住区、商业区、工业区，安排在城市的什么位置最合理？

建筑物应该面朝哪个方向？

两栋居民楼之间的楼间距应该是多少才合适？

如何让城市更好地适应环境变化，应对雨水带来的自然灾害？

要想解决这些问题，图图先生和建筑师必须考虑**风**、**降水**、**湿度**、**光照**等气候条件。没错，他们都是掌握气候知识的高手！

大自然中的风并不是毫无章法地乱吹，人们根据多年的风向观测记录，总结出这个城市的**风向特征**，并精心绘制出风向频率图和平均风速图。而城市规划师则会将它们作为研究城市布局的重要依据。

这种图形叫作**风玫瑰图**，用这种闭合折线画出来的图形的样子很像玫瑰花，看上去充满生命力。
图图先生可以从图上直观地看出：某个地方在一段时间内，风通常从哪个方向吹来；不同风向的风，它们的风速通常有多大。

北
西北　　东北
西　　　　　东
西南　　东南
南

风玫瑰图，多么浪漫的名字啊！

　　风和城市规划的关系可大了, 它直接关系到居民们的生命健康。

　　有的城市不仅有住宅区、商业区, 还有工业区。很多工厂在生产过程中会排放有害气体。即使经过处理, 这些工业废气也有可能会长期盘踞在城市上空, 或随风飘到人们居住的地方, 达到一定浓度会对人体造成损害, 引发咳嗽、头昏等症状。但如果利用好风, 它就能吹走有害气体, 而且风速越大, 有害气体就越容易扩散。

让我们看看图图先生是如何利用风进行城市规划的。

图图先生的目标非常明确，他要尽量利用风把工业区的有害气体吹向住宅区以外的地方。

如果一个地方一年到头风总是从一个方向吹过来，那么图图先生就会把排放有害气体的工厂放置在住宅区的下风向。

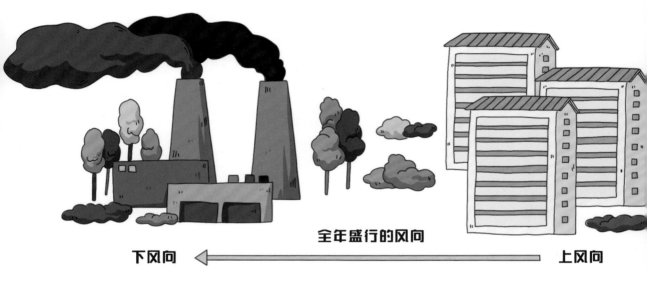

全年盛行的风向

下风向 ← ————————————→ 上风向

如果一个地区的风随季节变化而变换风向，那图图先生就会避开风来往的方向，把工业区放置在它两旁的郊外。

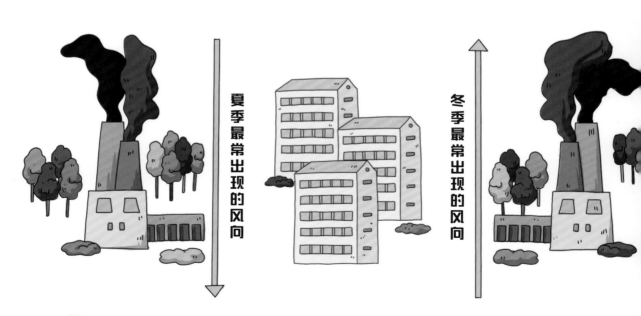

夏季最常出现的风向

冬季最常出现的风向

如果风向不明确，那么图图先生就要根据风玫瑰图，把工业区放置在最少有风来的方向的上风向。

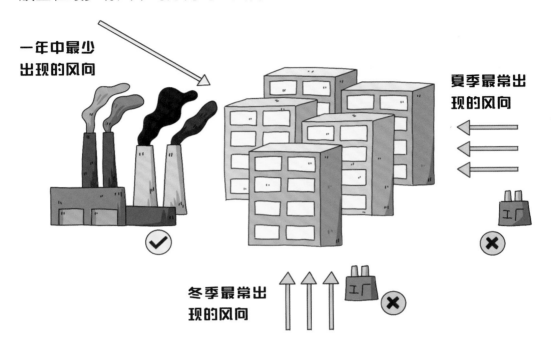

另外，图图先生还会利用盛行风，在城市中设计通风廊道。廊道区域不能建大高楼，以确保盛行风在通风廊道上畅通无阻，吹走大气中的污染物。

通风廊道上可以多建绿地，盛行风吹来时，能将绿地上方的清洁空气吹到更多的地方，改善城市空气质量。

在降水多的城市，屋顶面积一般不会太大，以避免大面积汇水，而且设有坡面，利于排水。而在降雪量大的地区，比如北欧，房顶通常比较尖，以防止积雪把房子压塌。

城市规划师既要关注地面，也要关注地下。一个城市降水的多少和强度，会对排水设施有非常明显的影响。下暴雨时，短时间内城市的降水量会激增，如果排水设施不能及时将雨水排出去，城市内就会发生内涝灾害。

对于图图先生来说，如果能把城市设计得像海绵一样，既能吸水，又能释放水，那就太棒了！

能够这样管理城市水资源的城市就叫"海绵城市"。

这看起来是一块普通的海绵。

城市路面由可渗水的新材料铺设。

透水路面

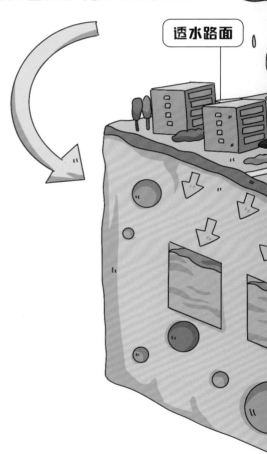

但用手挤一挤，就会挤出许多水。

雨水落到地面，可以很快渗入地下。

绿地、湖泊、湿地等是渗水能力强的自然地面。

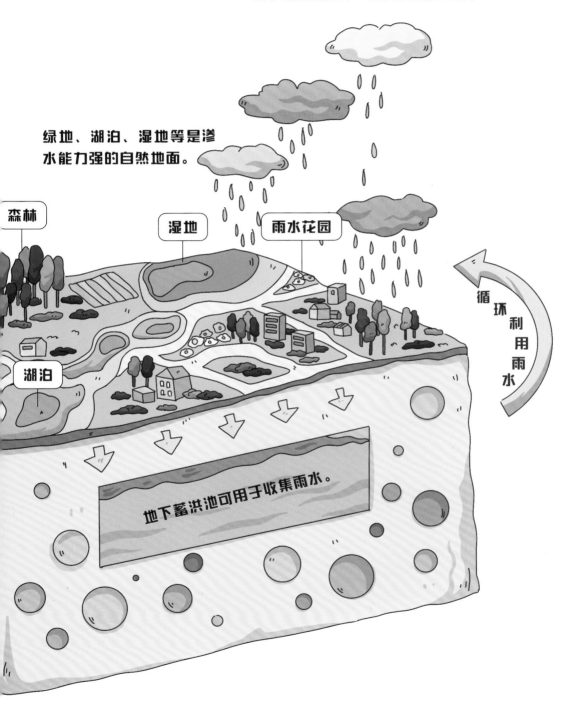

森林

湿地

雨水花园

湖泊

循环利用雨水

地下蓄洪池可用于收集雨水。

一次，图图先生和他的建筑师朋友来到另一座城市，这里的阴雨天气已经持续快一个月了。

这有可能是空气湿度太大造成的。

来到这座城市后，我经常感觉胸口闷闷的。

湿度与空气中水汽的多少有关，空气含有的水汽越少，空气越干燥；水汽越多，则空气越潮湿。

不过，人能感受到的空气干湿程度，其实是**相对湿度**。最适宜人体的空气相对湿度是 40％~50％，这个时候，人们会感觉特别舒适。当相对湿度大且气压低时，人体排出的大量汗液难以蒸发，体内的热量无法畅快地散发出去，人们就容易感到胸闷气短。

连续多天阴雨绵绵，连空气都变得湿答答的，这让建筑物的通风效果显得格外重要。

通风可以加强空气流动，在晴天时，把室内封闭环境中潮湿的空气交换出去。因此，在设计建筑物时，要把建筑物的窗户设置在城市盛行风的方向上，让风可以通畅地在室内流动。

建筑师还要分析城市所在地区**太阳的运行规律**，以此来确定建筑物的朝向、建筑物之间的距离。

此时，图图先生居住的社区正准备进行升级改建。

阳光和空气、水一样，都是生命之源。长期待在阳光不足的阴暗环境中，人会精神不振，身体免疫力也会下降。

建筑师在做设计时，就要考虑怎样使建筑物内部获得足够的阳光。

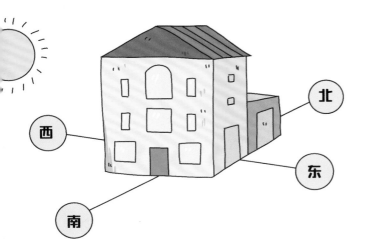

我国位于北半球，太阳光线大部分时间是从南方照来。因此，建筑物正面朝南，可以使里面的房间获得更多的日照。

夏季，太阳直射北半球，北半球天空中太阳的位置较高。

到了冬天，太阳直射南半球，北半球天空中太阳的位置比夏季时低，光线被前面的高楼挡住，后面楼里较低的楼层就照不到阳光了。

所以，规划好楼与楼之间的距离很重要，在太阳高度最低的季节，也要保证后面的楼有足够的日照。

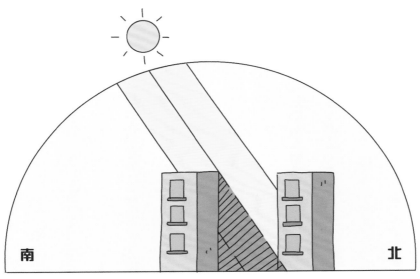

夏季，12：00 的太阳高度较高。

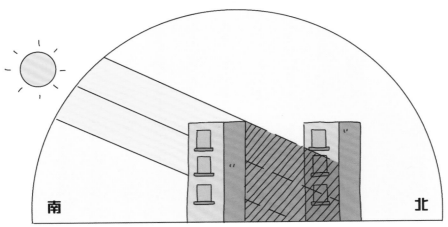

冬季，12：00 的太阳高度较低。

图图先生平时的工作非常繁忙。在夏天的周末，他会和朋友到郊区去避暑，放松一下。

奇怪，明明是同一个季节，为什么感觉郊区比市中心要凉快呢？

这是因为市中心有"城市热岛效应"。

在同一时间里，城区的气温普遍比郊区的气温高，这种现象就叫作**城市热岛效应**。

从近地面温度变化图上看，城区的高温区就像大海上突出海面的岛屿，而郊区则像波澜不惊的海面。

城区和郊区的气温可以相差1℃~6℃。这可不是什么好现象，而是城市生态最严峻的问题之一。

对此，图图先生表示非常担忧，他想和你讲讲城市热岛效应的成因。

一座现代化城市会使用大量的人工建筑材料，比如混凝土、柏油、各种建筑物墙面用料等。它们吸热快，但存储热量的能力差，因此表面温度上升得很快。

　　而在拥有更多植被和河水的郊区，植物和水面通过蒸腾作用，从环境中吸收大量热量，从而降低空气温度，增加空气湿度。而且郊区没有高大建筑物遮挡，更加利于空气流通、热量散发。

　　因此，才会出现城区温度普遍高于郊区的现象。

城市就像一个膨胀怪，它不断扩大，居住在里面的人越来越多。居民生活、工厂生产、交通运输都需要燃烧更多的燃料，产生出大量**二氧化碳、氮氧化物、粉尘**等排放物。

这些人为排放的气体很多都是温室气体。温室气体能强烈吸收地面散发的热量，使大气的温度进一步升高。

城市里建筑物密集，在风速小的情况下，吸收了热量的污染物停留在城市中，无法消散。

这就好比把城市放到了温度很高的温室中，

又或者像是给城市盖了一床被子。

在夏天，图图先生会有明显的感受：当气温高、湿度又很大时，他就容易烦躁，甚至可能会中暑。

图图先生非常清楚，如果为了防暑降温，大家都多吹空调、多吃冷饮，那么就会耗费更多的电能。如此大量消耗电能，有可能导致能源供应紧张。

电呢？再不来电我就热晕了！

你用电太多了，我发电累得要命，煤也快供应不上了！

另外，冰箱、空调在运行过程中也会排放温室气体，它们加剧了城市热岛效应，形成恶性循环。

不过，面对困难，城市规划师和建筑师们是绝对不会低头的。他们充分利用自己的专业知识，立志打败城市热岛效应，让城市变得更加宜居。

看，建筑师刚刚设计好了一座新型环保房屋。

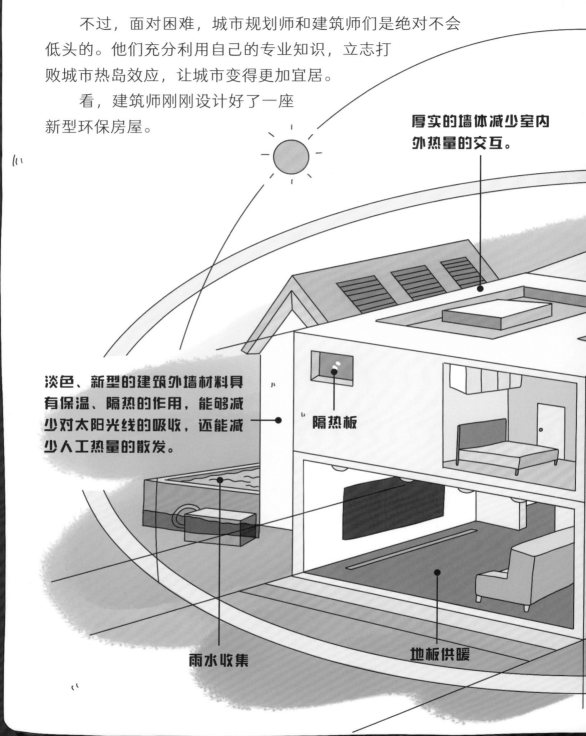

厚实的墙体减少室内外热量的交互。

淡色、新型的建筑外墙材料具有保温、隔热的作用，能够减少对太阳光线的吸收，还能减少人工热量的散发。

隔热板

雨水收集

地板供暖

新型环保房屋是一种绿色环保建筑物，充分利用自然环境生态资源，达到节约能源、降低能源消耗、减少污染物排放的目的。

收集光热

垂直绿化
阳光花房

以电力和氢能驱动的汽车，低碳、节能。

透水面层
透水混凝土层
鹅卵石蓄水层
灰土层
素土层

排水管道
喷头
蓄水管道
抽水泵
蓄洪池

通过先进的科技手段，人们把植物种在建筑物的墙面上、屋顶上。这些"空中花园"不仅能净化空气，还能对建筑物起到隔热节能、降低噪音的作用。

图图先生决定号召更多的人参与绿化建设，扩大水域面积，让城市中有更多的绿地、花园、湿地，让城市变得宜居又美丽。

湿地、湖泊等有水的地方，会吸收更多热量。

植被的蒸腾作用能吸收热量。

扫码收听关于地球的有趣故事

天上出现臭氧洞

成璐 著　侯婷 绘

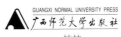

GUANGXI NORMAL UNIVERSITY PRESS

广西师范大学出版社

·桂林·

SHANG TIAN RU HAI TAN DIQIU　TIANSHANG CHUXIAN CHOUYANG DONG
上天入海探地球　天上出现臭氧洞

出版统筹：汤文辉　　责任编辑：戚　浩　　特约选题策划：张国辰　孙　倩
品牌总监：李茂军　　　　　　　宋婷婷　　特约编辑：孙　倩　冉卓异
选题策划：李茂军　　美术编辑：刘淑媛　　特约封面设计：苏　玥
　　　　　戚　浩　　营销编辑：李倩雯　　特约内文制作：高巧玲
责任技编：郭　鹏　　　　　　　赵　迪

图书在版编目（CIP）数据

天上出现臭氧洞 / 成璐著；侯婷绘. --桂林：广西师范大学出版社，
2023.5
　（上天入海探地球）
　ISBN 978-7-5598-5918-1

Ⅰ. ①天… Ⅱ. ①成… ②侯… Ⅲ. ①臭氧层－少儿读物
Ⅳ. ①P421.33-49

中国国家版本馆 CIP 数据核字（2023）第 045748 号

广西师范大学出版社出版发行
（广西桂林市五里店路 9 号　邮政编码：541004 ）
（网址：http://www.bbtpress.com ）
出版人：黄轩庄
全国新华书店经销
北京博海升彩色印刷有限公司印刷
（北京市通州区中关村科技园通州园金桥科技产业基地环宇路 6 号
　邮政编码：100076）
开本：787 mm × 1 092 mm　1/16
印张：2.5　　　字数：37.5 千
2023 年 5 月第 1 版　　2023 年 5 月第 1 次印刷
定价：198.00 元（全 8 册）
如发现印装质量问题，影响阅读，请与出版社发行部门联系调换。

院士爷爷写给孩子们的一封信

亲爱的小朋友们：

你们好！

我从 1957 年进入北京大学开始学习地球物理专业，至今已有 65 年的时间。这期间我一直在从事气候变化领域的研究，一直在关注地球的"健康"。

小时候，我随父母走过许多地方，看过许多次地球的"喜怒无常"：有时刮起的大风会吹断树枝掀翻屋顶，有时高温不断，有时洪水泛滥……地球为什么会出现这些现象，是不是"生病"了？有没有什么方法能让人们少受灾害的影响？生活在其他地方的小朋友有没有遇到和我一样的问题？那时的我和你们一样，对探索地球充满了好奇心。

慢慢地我发现，地球的秘密可太多了：天上的云、海里的洋流、空气中的风……不同的气候造就了地球上丰富多彩的自然景观，还极大地影响了人类的文明。与此同时，我们人类的活动也在影响着地球和人类未来的命运——即使全球的平均气温只比之前上升 1℃，也能导致冰川融化、很多物种灭绝、极端灾难事件频发。我觉得，应该把地球的秘密告诉所有关心地球的人们，尤其是你们，让我们一起来了解地球，保护地球。

今天，看到长期从事科普宣传的工作者们为小朋友制作的这套融汇气象、地理、生物、天文等多个科学领域的绘本《上天入海探地球》，我很欣慰，因为这套绘本里面写了很多关于地球的故事。我是在上大学期间才对灾害性天气有了明确的认知，想到你们从小就能看到这么多有趣的故事，能了解到这么多知识，我由衷地感到，你们是幸福的。

最后，祝愿你们健康快乐地成长！让我们一起为了人类更美好的未来，携手应对全球气候变化，保护我们共同的家园吧！

中国工程院院士 丁一汇

2022 年 10 月 18 日

如果有人问你，人类生存最离不开什么气体，你会如何回答呢？

也许你会毫不犹豫地选择氧气，因为人类大脑一旦缺氧，5 分钟就会造成脑细胞死亡，10 分钟以上就会危及生命。

　　人类生存确实离不开氧气。不过，还有一种气体也很重要，它也有一个"氧"字，那就是——**臭氧**。

　　为什么叫臭氧？难道是因为它闻起来臭臭的吗？你别说，还真是这样，臭氧确实有点儿臭。和有些人爱吃的臭豆腐和臭鳜鱼一样，臭氧有一股类似鱼腥的味道。

臭氧和我们熟悉的氧气是同根同源的"同胞兄弟"，它们都是由氧原子构成的。不同的是，氧气有 2 个氧原子，臭氧有 3 个氧原子。

氧气有 2 个氧原子

臭氧有 3 个氧原子

氧气

臭氧

在空气里，氧气的含量约为 21%，臭氧的含量不足百万分之一，比氧气少多了。在标准情况下，如果把大气中的臭氧收集起来平铺在地球表面，平均厚度仅有 3 毫米，大约相当于 3 张身份证的厚度。

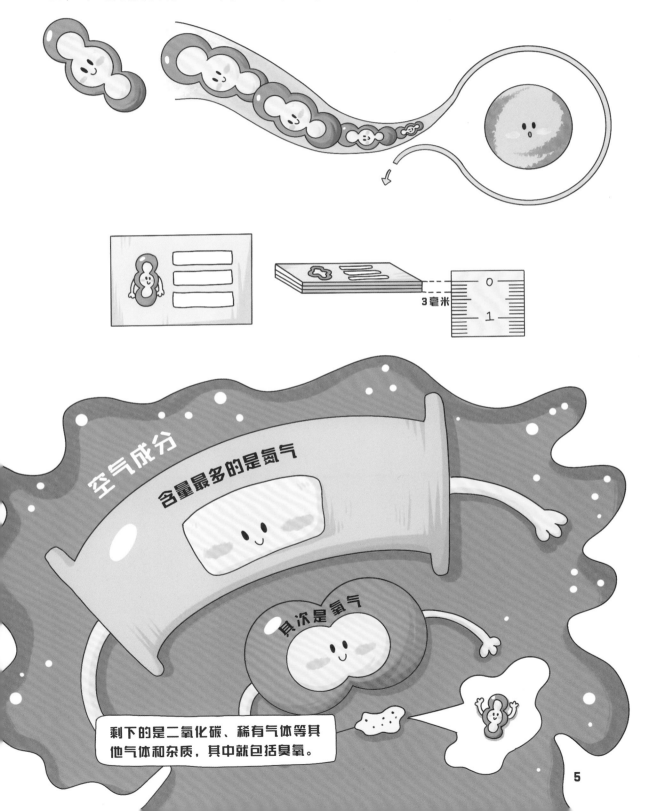

空气成分

含量最多的是氮气

其次是氧气

剩下的是二氧化碳、稀有气体等其他气体和杂质，其中就包括臭氧。

你知道臭氧是怎么来到地球上的吗？这与它的"同胞兄弟"氧气息息相关。

氧气可以转变为臭氧。

在**紫外线**的作用下，一部分氧气可以转变为臭氧，而在多种**光化学反应**的综合作用下，氧气和臭氧可以在大气中巧妙维持平衡。越来越多的臭氧聚集在一起，就形成了臭氧层。

光化学反应
由于光的作用引起的化学反应。它有很多种类，主要有光合作用和光解作用。

衣服在阳光的照射下会逐渐褪色，这就属于光解作用。

植物的光合作用。

植物释放氧气。

植物吸收二氧化碳。

植物的根部吸收水分。

说起来，臭氧还是一种很乖的气体，不会乱跑乱逛，所以通常它出现的位置是相对固定的。

我们可以把整个地球大气层看作一座独特的大楼，这座大楼一共分为五层，自下而上依次是：**对流层、平流层、中间层、暖层**和**散逸层**。

我们的家就在这里。

约 12 千

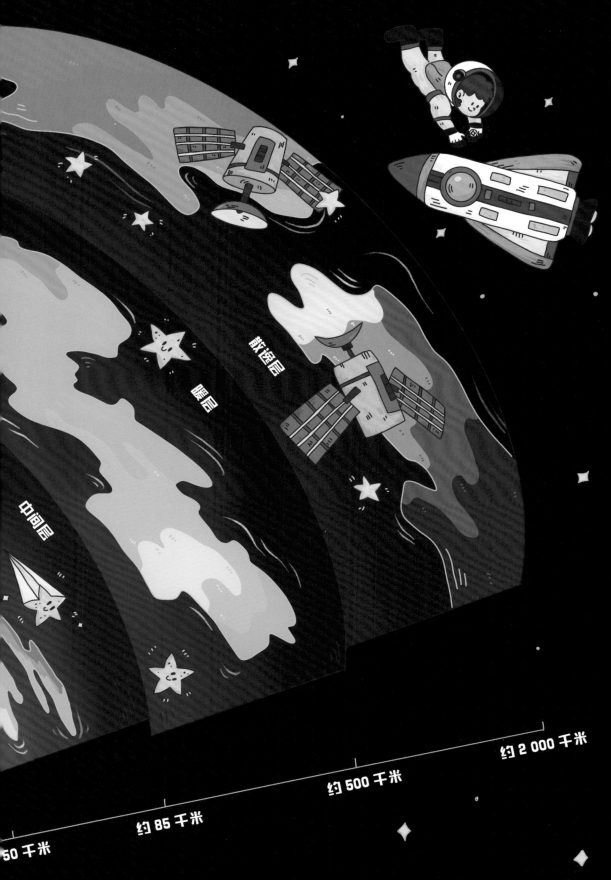

散逸层

暖层

中间层

约 2 000 千米

约 500 千米

约 85 千米

50 千米

平时我们最熟悉、和我们日常生活关系最密切的天气现象，如风、雨、雷、电等，大多发生在"一楼"，也就是在**对流层**里。

冷空气

热空气在高空遇冷，
变为下沉的冷空气。

热空气

接近地表的热空气
会向上升。

对流层的热量来自地表。

热空气

冷空气

热空气

　　和对流层下暖上冷不同，"二楼"**平流层**是下冷上暖，这样的气温分布非常稳定，所以这里的大气不会出现对流，而是以水平方向流动为主。

冷空气

热空气

我们出去旅行时乘坐的大型客机，一般就是在平流层的底部飞行。

起飞时还在下雨呢，怎么飞上来就没雨了？

因为飞机已经飞到平流层了。

冷空气

臭氧的家就位于"二楼"，90% 以上的臭氧都分布在平流层，通常最大浓度出现在距离地面 20 千米～ 25 千米的地方。

你可别因为臭氧不好闻而嫌弃它，它的作用可太大了。

紫外线

紫外线

我们就是地球的保护伞。

臭氧可以吸收太阳光中对人体有害的紫外线，保护我们和地球上的其他生物免受紫外线的伤害，因此臭氧层又被称为"保护层"。此外，臭氧还具有消毒杀菌、净化空气的作用。

紫外线

在 23 亿年前，大气中氧气的含量极低，无法形成臭氧层。地球的陆地表面受到太阳紫外线的强烈照射，生命不能在地球的陆地表面存在，只能存活于海洋之中，因为水能吸收紫外线。

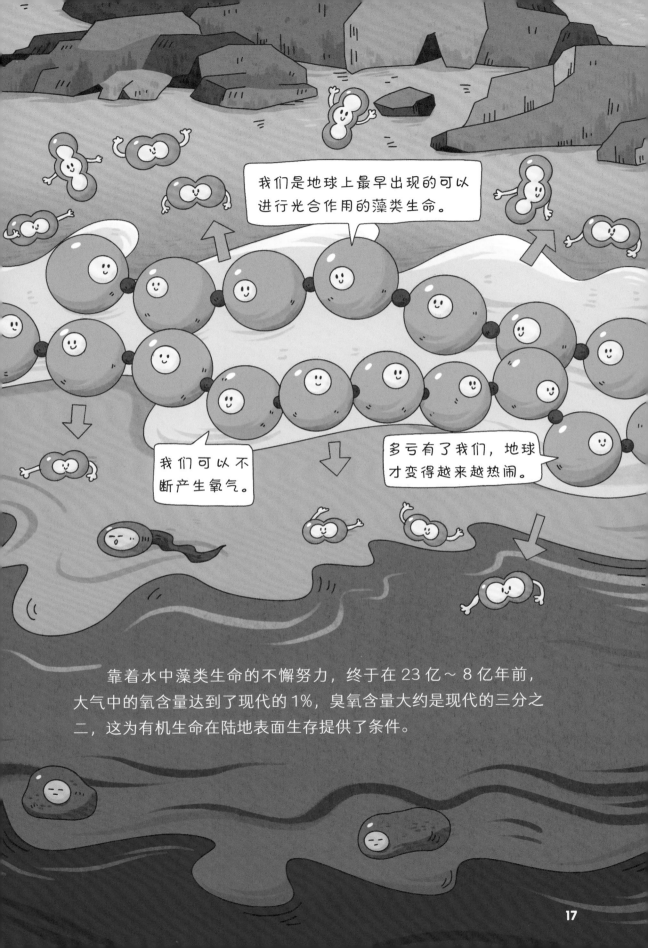

靠着水中藻类生命的不懈努力，终于在 23 亿～ 8 亿年前，大气中的氧含量达到了现代的 1%，臭氧含量大约是现代的三分之二，这为有机生命在陆地表面生存提供了条件。

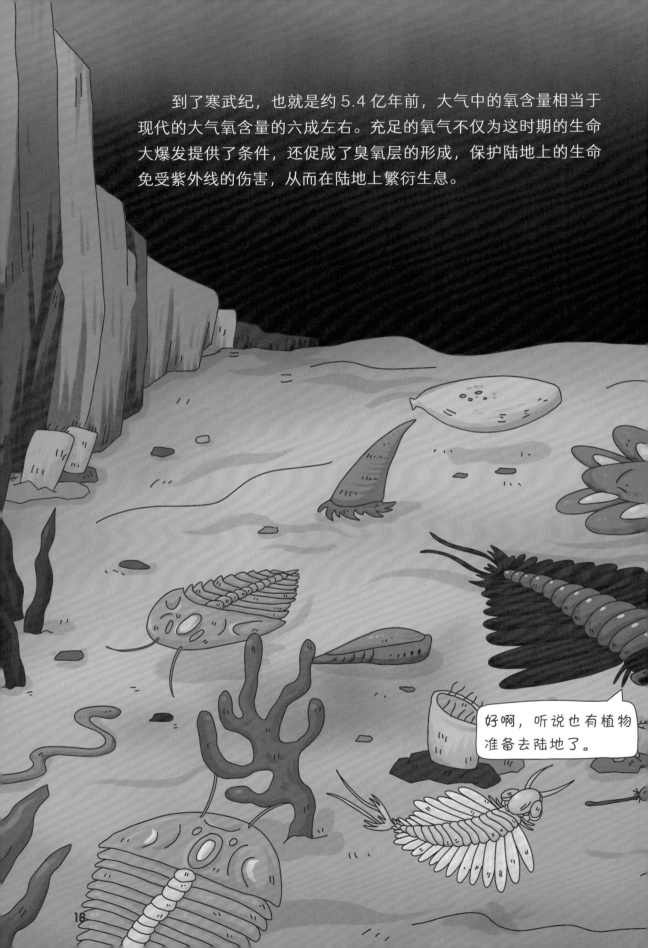

到了寒武纪，也就是约 5.4 亿年前，大气中的氧含量相当于现代的大气氧含量的六成左右。充足的氧气不仅为这时期的生命大爆发提供了条件，还促成了臭氧层的形成，保护陆地上的生命免受紫外线的伤害，从而在陆地上繁衍生息。

好啊，听说也有植物准备去陆地了。

正是地球生物开始了多姿多彩的陆地生活，才使我们现在的一切都能那么的和谐与美好。如果我们不破坏这一切，臭氧就会安稳地生活在大气层的"二楼"，继续为地球生物做贡献。

　　但遗憾的是，人类的破坏活动打破了这种平衡。科学家们发现，自 20 世纪 70 年代末以来，全球臭氧总量就处在下降趋势，尤其在南极地区下降最为明显，那里的臭氧层甚至出现了巨大的空洞！

通过观测，人们发现 1979 年到 2011 年间，在每年的 7~12 月，南极地区的臭氧总量通常很少。和周围的地区相比，南极洲上空出现了一个臭氧稀薄的大洞，这就是南极臭氧洞。

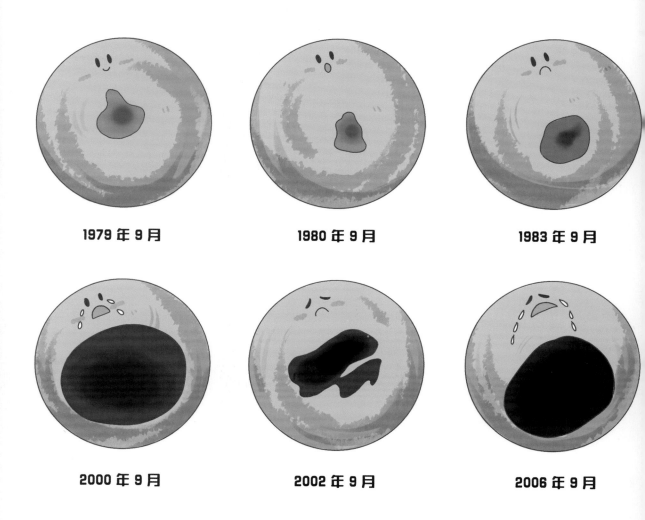

1979 年 9 月   1980 年 9 月   1983 年 9 月

2000 年 9 月   2002 年 9 月   2006 年 9 月

从气候上来说，南极四季皆是冬季，但是如果从天文学上来说，9~11月是南极的春季，是臭氧洞最易出现的时期。其中，9 月下旬到 10 月上旬臭氧洞的面积往往达到最大。

2000 年和 2006 年，是迄今为止监测到的南极臭氧洞面积最大的两个年份，总面积达到 2 800 万~2 950 万平方千米，差不多有三个中国国土面积那么大，比整个南极洲的面积还要大。

南极洲面积为 1 424 万平方千米。

臭氧洞为什么会出现在遥远的南极呢？很多科学家认为，这与人类活动排放到大气中的污染物密切相关。

　　人们日常生活中大量使用冰箱、空调，而冰箱、空调工作所需的制冷剂，正是**氟利昂、溴化烃**等含氯和溴的化合物。

此外，火山爆发等自然现象也会导致大气中氯和溴的含量增加。而**氯**和**溴**就是破坏臭氧层的元凶，它们会通过光化学反应，消耗掉大量的臭氧。

在南极的春季，平流层中会有较长时间的低温，温度可以低于零下 78 ℃，容易形成大量的**冰晶云**和液态**硫酸气溶胶**。

这些冰晶云和液态硫酸气溶胶能够吸附大气污染物里的氯和溴。在太阳光的照射下，氯和溴变得越来越多，越来越活跃，它们通过光化学反应大量消耗臭氧，导致南极上空形成臭氧洞。

太好了，我们的同伴越来越多了！

平流层较长时间的低温是导致大气中臭氧稀薄，甚至出现臭氧洞的首要条件。因此，除了南极之外，在寒冷的北极和青藏高原上空，人们也发现了臭氧分布很稀薄的区域。

北极

青藏高原

除了前面说的原因之外，**太阳辐射**是导致臭氧洞出现在南极春季的另一个重要原因。

春天来了，阳光都晒屁股了，兄弟们起来干活吧！

在南极的冬季，极地平流层温度同样很低，但是由于缺少光照，臭氧损耗并不多。但到了 9 月份，太阳辐射开始照射到南极平流层，氯气被紫外线分解成氯原子，更多的氯原子参与催化反应，就会造成臭氧的快速损耗。

温室效应

你见过种植蔬菜、水果的温室大棚吗？在寒冷的天气里，作物躲在温暖的大棚里继续茁壮生长。大气中的温室气体就像是种植蔬菜、水果的温室大棚，在温室气体的包裹下，地球变成了一个大棚。太阳辐射能透过它，但这个大棚也会阻止地面热量的散发，使得地面温度上升、全球气候变暖，最终导致病虫害增加、海平面上升、土地沙漠化、热带雨林消失等。

由于高空的臭氧减少，没有了它们的保护，更多的紫外线到达地面。这些紫外线会分解汽车尾气中的氮氧化合物，形成**近地面臭氧**。

臭氧本身还是一种**温室气体**。近地面臭氧增多，导致地球的**温室效应**进一步加剧。

多亏天上的"亲戚"越来越少，到达地面的紫外线越来越多，我们才能在地面出生。

一旦近地面层臭氧浓度过大，就会造成臭氧污染，对人们的皮肤、眼睛、鼻黏膜产生刺激，使人们出现咳嗽、头疼等症状。

　　另外，来到地面的紫外线增多，除了会直接影响人类的健康，也会使许多动植物受到损伤，进而影响到全球生态的平衡。

　　可以说，如果臭氧待在高空平流层的"家"里，那它就是"好"臭氧；如果出现在近地面的对流层里，那就是"坏"臭氧了。

种地越来越难了。

意识到高空平流层臭氧减少的危害后，越来越多的人开始悔悟，越来越多的补救措施纷纷出台。

比如，《蒙特利尔议定书》就提出减少对氟利昂的生产和使用，研发替代物，尽快完全取代氟利昂。

值得欣慰的是，全球臭氧层在 20 世纪 90 年代末开始缓慢恢复，南极臭氧洞也出现了逐渐缩小的趋势。

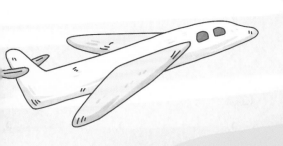

人类只有一个地球，环境被污染后，其影响往往很难消除。破坏十分容易，修复却是漫长而艰难的。

愿我们每个人都能像爱自己、爱家人一样，珍爱我们的地球。

扫码收听关于地球的有趣故事

神秘的"老冰棍儿"

成璐 著 侯婷 绘

GUANGXI NORMAL UNIVERSITY PRESS

广西师范大学出版社

·桂林·

SHANG TIAN RU HAI TAN DIQIU　　SHENMI DE LAO BINGGUNR
上天入海探地球　神秘的"老冰棍儿"

出版统筹：汤文辉　　责任编辑：戚　浩　　　特约选题策划：张国辰　孙　倩
品牌总监：李茂军　　　　　　　宋婷婷　　　特约编辑：孙　倩　冉卓异
选题策划：李茂军　　美术编辑：刘淑媛　　　特约封面设计：苏　玥
　　　　　戚　浩　　营销编辑：李倩雯　　　特约内文制作：高巧玲
责任技编：郭　鹏　　　　　　　赵　迪

图书在版编目（CIP）数据

神秘的"老冰棍儿"/ 成璐著；侯婷绘. --桂林：广西师范大学出版社，
2023.5
　　（上天入海探地球）
　　ISBN 978-7-5598-5918-1

　　Ⅰ．①神…　Ⅱ．①成…　②侯…　Ⅲ．①南极－冰芯－少儿读物
Ⅳ．①P941.61-49②P532-49

中国国家版本馆 CIP 数据核字（2023）第 045741 号

广西师范大学出版社出版发行
（广西桂林市五里店路 9 号　邮政编码：541004）
（网址：http://www.bbtpress.com）
出版人：黄轩庄
全国新华书店经销
北京博海升彩色印刷有限公司印刷
（北京市通州区中关村科技园通州园金桥科技产业基地环宇路 6 号
　邮政编码：100076）
开本：787 mm × 1 092 mm　1/16
印张：2.5　　字数：37.5 千
2023 年 5 月第 1 版　　2023 年 5 月第 1 次印刷
定价：198.00 元（全 8 册）

院士爷爷写给孩子们的一封信

亲爱的小朋友们：

你们好！

我从 1957 年进入北京大学开始学习地球物理专业，至今已有 65 年的时间。这期间我一直在从事气候变化领域的研究，一直在关注地球的"健康"。

小时候，我随父母走过许多地方，看过许多次地球的"喜怒无常"：有时刮起的大风会吹断树枝掀翻屋顶，有时高温不断，有时洪水泛滥……地球为什么会出现这些现象，是不是"生病"了？有没有什么方法能让人们少受灾害的影响？生活在其他地方的小朋友有没有遇到和我一样的问题？那时的我和你们一样，对探索地球充满了好奇心。

慢慢地我发现，地球的秘密可太多了：天上的云、海里的洋流、空气中的风……不同的气候造就了地球上丰富多彩的自然景观，还极大地影响了人类的文明。与此同时，我们人类的活动也在影响着地球和人类未来的命运——即使全球的平均气温只比之前上升 1℃，也能导致冰川融化、很多物种灭绝、极端灾难事件频发。我觉得，应该把地球的秘密告诉所有关心地球的人们，尤其是你们，让我们一起来了解地球，保护地球。

今天，看到长期从事科普宣传的工作者们为小朋友制作的这套融汇气象、地理、生物、天文等多个科学领域的绘本《上天入海探地球》，我很欣慰，因为这套绘本里面写了很多关于地球的故事。我是在上大学期间才对灾害性天气有了明确的认知，想到你们从小就能看到这么多有趣的故事，能了解到这么多知识，我由衷地感到，你们是幸福的。

最后，祝愿你们健康快乐地成长！让我们一起为了人类更美好的未来，携手应对全球气候变化，保护我们共同的家园吧！

中国工程院院士 丁一汇

2022 年 10 月 18 日

　　有一种神秘的"老冰棍儿"，你在小卖部、超市里都买不到。你只有去到遥远的南极、北极，或是被称为"世界屋脊"的青藏高原，在那些厚厚的冰川里才能找到它。它有一个特别的名字，叫作**冰芯**。

极地地区非常寒冷，降水量很少，雪花落下后很难融化，一层一层越积越厚。慢慢地，下面的雪被压实，逐渐变成了冰。就这样，经过漫长的岁月，积雪最终形成了**冰川**。

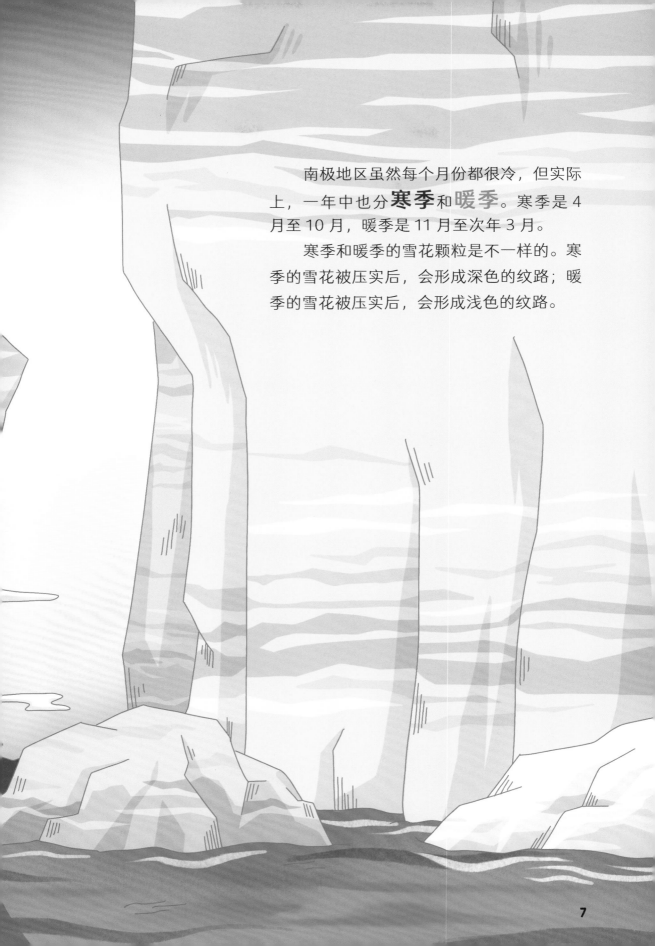

南极地区虽然每个月份都很冷，但实际上，一年中也分**寒季**和**暖季**。寒季是 4 月至 10 月，暖季是 11 月至次年 3 月。

寒季和暖季的雪花颗粒是不一样的。寒季的雪花被压实后，会形成深色的纹路；暖季的雪花被压实后，会形成浅色的纹路。

冰芯就取自冰川内部，它可能是几万年、几百万年前的冰，年代极为久远，所以大家才把它称为"老冰棍儿"。这么看来，还真是名副其实呢！

孔子说："工欲善其事，必先利其器。"究竟用什么样的工具才能把冰芯从这么坚硬的冰川中取出来呢？

看，他们正在做这个工作呢！这种方法叫钻取。

挖"老冰棍儿"喽！不过这也太累了，我刚挖一会儿就挖不动了。

遇到大风时，科考队员需要在帐篷附近堆砌挡风冰墙。

小型浅钻通常采用采钻取
2～3米深度的冰芯。

钻取冰芯的设备分为小型、大型，可以钻到钻到冰层下不同的深度，到达的地方越深，取出的冰芯年代年代越久远。

曾有科研团队宣布，他们在南极洲钻取出了一根270万年前的冰芯，比之前的纪录保持者早了170万年，是目前取出的最老的冰芯，我们可以叫它"老老老冰棍儿"了！

大型深钻可到达冰川下约 3 000 米的深度。

取出一根完整的冰芯并不是件容易的事，钻机可能会遇到冰川中的断层，冰芯也有可能在钻取过程中折断。

因钻取设备不同，取出的冰芯长度也不相同，单个短的大概有50厘米，长的能有6米左右。不过，对比我们吃的老冰棍儿来说，它们都是超大号的"老冰棍儿"。

哇！终于可以尝尝南极的"老冰棍儿"了。

小朋友，这可不是真的冰棍儿，不能吃呀！

长度短的冰芯，科考队员徒手就能带回工作站。

既然我们把冰芯叫作"老冰棍儿"，那么，每根冰芯到底有多老呢？我们又怎么知道它的年龄呢？

别忘了，冰芯取自冰川内部，它的上面同样保留着一层一层的纹路。这些纹路就像是树木的年轮，能向我们讲述它的成长历程。

你在做什么？

1、2、3、4、5、6……

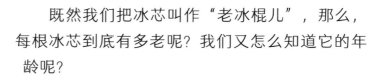

说得对，但科学家们可不是仅仅通过数纹路就轻易判断冰芯年龄的。我们钻取冰芯时，很多时候只是截取冰川中间某一段的冰，并不一定是自上而下完整的一根。而且，越深位置的冰芯，越难用肉眼看清纹路。科学家们要想知道冰芯的年龄，还要依靠科技手段。

数冰芯的纹路呀，就像数树木的年轮一样，这样我就知道它的年龄了。

啊，上万年的冰芯，你要数到什么时候呀？

冰川自下而上，是保存下来的从古至今的降水。当自然界中发生重大事件时，比如火山喷发、森林大火、太阳黑子爆发等，它们产生的特殊物质就可能被封存在冰川中。

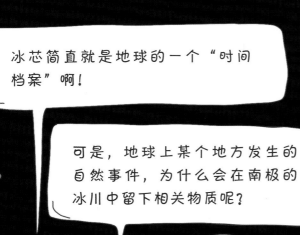

冰芯简直就是地球的一个"时间档案"啊！

可是，地球上某个地方发生的自然事件，为什么会在南极的冰川中留下相关物质呢？

这些物质是搭乘洋流或随空气流动来到南极的。

因此，科学家如果能在冰芯里发现某次火山大爆发，或者某次严重的森林大火产生的物质，再对应这些事件在其他地方的记录，就能锁定冰芯的年份了。

除此之外，科学家还会通过分析冰芯中的碳同位素、铀同位素等方法，来判断冰芯的年份。

在冰川形成的过程中，雪花一片一片落下来，雪花与雪花之间有空气在流通。可是，随着雪越积越厚，空气被"堵"在雪中难以动弹。当雪变成冰后，没能逃出去的空气，最终被挤成了一个个小气泡。

空气在雪花间畅快地流动。

上面的雪压下来，空气在积雪间的流动变慢了。

空气被挤压成小气泡，封冻在冰川之中。

20 世纪 50 年代的一天，哥本哈根大学的几位科学家一起到酒馆聚会。当他们举起酒杯庆祝实验成功时，一位研究古气候的科学家突然注意到，酒中的冰块在融化时产生了气泡，而气泡里包含的是空气。这顿时给了他莫大的灵感——既然空气可以被封存在冰块里，那么在地球的冰川中，也许就保存着过去各个历史时期的空气！

虽然这只是一个传说，但冰芯气泡中的空气确实为科学家研究古气候打开了一扇大门。许多惊天的大发现，往往隐藏在不起眼的细节里。

科学家小心翼翼地把冰芯敲碎，将里面的气体释放并收集起来，检测其中的空气成分，以此来研究地球气候是如何变化的。

比如，通过检测冰芯气泡中二氧化碳的浓度，科学家绘制出一条二氧化碳浓度变化曲线。在与地球气温变化曲线对比后，他们发现，二者的起伏变化，居然惊人地同步！

冰芯跨越的时间尺度很长，可以达到百万年，所以科学家才能绘制出这样连续的曲线变化图。

这可是冰芯的大优势。

好厉害呀！

冰芯不仅能帮科学家研究气候变化，还能揭开历史疑团。

1908 年，西伯利亚通古斯河附近发生大爆炸。对于这次爆炸的原因，科学界一直没有定论，大家纷纷给出自己的猜测：有人说，这是来自外太空的陨石撞击地球造成的；有人说不是陨石，而是彗星；还有人说，这是外星人到访地球造成的。

陨石撞击　　　　　　　　彗星撞击　　　　　　　　外星飞船来访

通过研究北极格陵兰岛的冰芯，科学家发现，在大爆炸发生后形成的冰川中，其气泡里有一种含量很高的化合物——铵，而铵通常是彗星撞击地球后的产物。这说明神秘的通古斯大爆炸，由彗星引发的可能性最大。大爆炸发生后，一部分铵随着大气环流来到北极，最终被留在了冰川之中。

由于拥有超一流的存储能力，在帮助科学家解谜这件事上，冰芯可以说是大展拳脚，它曾多次为科学家提供地球历史上大型火山喷发的证据。

这就像侦探破案，有证据才能破解谜团。

而冰川就是保存证据的档案。

　　1258 年前后，北半球曾遭遇突如其来的极端天气，气温骤然下降，农作物大面积枯萎，许多人不幸死于饥荒。科学家推测，如此大规模的灾难性事件的发生，最有可能的原因就是一次威力巨大的火山喷发。奇怪的是，他们翻遍各种历史资料，竟没有找到这个时期关于火山爆发的任何记载。

一筹莫展中，有科学家将目光投向北极的冰川。他们钻取出相应时间段的冰芯，分析气泡中的硫酸含量和火山灰成分，证实1258年前后，地球上确实发生过一次未被记载的火山大爆发。

　　可是，这座火山究竟在哪里呢？为了找到答案，科学家又来到南极，在冰芯中发现了成分完全一样的火山灰。既然火山灰可以飘到地球的南北两极，那么火山的位置很有可能在赤道附近。经过后续深入的研究，这个一度被历史遗忘的自然事件终于被锁定——1257年在印度尼西亚发生了萨马拉斯火山喷发。

　　火山喷发释放出大量的火山灰和二氧化硫。一些气体进入大气后，形成酸性气溶胶，它可以阻挡一部分阳光到达地表，从而导致地球的气温下降。强火山喷发可能会让地球进入寒冷的小冰期，这被称作"火山冬天"。

科学家一般用**火山爆发指数**来衡量火山喷发的强度。该指数共分0～8级，数值越大，喷发强度越大。有人认为，1257年的萨马拉斯火山喷发指数为7级。

冰芯还可能给我们带来意外的发现。

我们都知道，生命需要阳光、空气和水。然而在南极洲边缘，有一处湖泊叫维达湖。这个湖非常奇特，它的湖面被封冻得严严实实，上面是厚厚的冰层，底下却是流动的湖水。而且，维达湖还是一个盐水湖，湖水中的含盐量非常高。

盐水冰层中缺少氧气，似乎不可能存在生命，但科学家们在从该冰层钻取的冰芯中，发现了古老的微生物，它们在冰中至少沉睡了 2 800 年。

当研究人员尝试将它们放到水中时，古老的微生物竟奇迹般地苏醒过来。这也许是因为它们体内拥有我们不知道的某种抗冻物质。

这里年平均气温在零下 30℃左右。

冰层厚达 19 米。
科学家在冰面下 16 米处，钻取出了含有微生物的冰芯。

湖水年平均温度低于零下 10℃。

冰芯的作用这么大，可想而知它是十分珍贵的。为了确保实验数据的准确性，取出冰芯后，要特别注意保持它的洁净，避免受到外界污染。

　　现场的研究人员会小心地给冰芯套上保护膜，放在冰柜中运回实验室。之后，冰芯会被装入特制的圆筒，储存在专门的冷库中，等待科学家进一步研究。

　　如果说冰川是地球气候环境变化的日记本，记录了地球百万年来的气候变化经历，那么冰芯就是打开它的钥匙，让我们可以从中一探地球气候变化的秘密。

扫码收听关于地球的有趣故事

奇妙的气候之旅

成璐 著 侯婷 绘

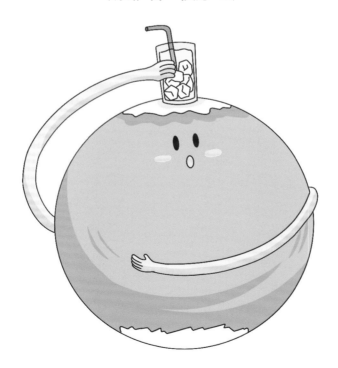

GUANGXI NORMAL UNIVERSITY PRESS
广西师范大学出版社
·桂林·

SHANG TIAN RU HAI TAN DIQIU　QIMIAO DE QIHOU ZHI LÜ
上天入海探地球　奇妙的气候之旅

出版统筹：汤文辉	责任编辑：戚　浩	特约选题策划：张国辰　孙　倩
品牌总监：李茂军	宋婷婷	特 约 编 辑：孙　倩　冉卓异
选题策划：李茂军	美术编辑：刘淑媛	特约封面设计：苏　玥
戚　浩	营销编辑：李倩雯	特约内文制作：高巧玲
责任技编：郭　鹏	赵　迪	

图书在版编目（CIP）数据

奇妙的气候之旅 / 成璐著；侯婷绘. --桂林：广西师范大学出版社，
2023.5
（上天入海探地球）
ISBN 978-7-5598-5918-1

Ⅰ．①奇… Ⅱ．①成… ②侯… Ⅲ．①气候变化－少儿读物
Ⅳ．①P467-49

中国国家版本馆 CIP 数据核字（2023）第 045747 号

广西师范大学出版社出版发行

（广西桂林市五里店路 9 号　邮政编码：541004　）
（网址：http://www.bbtpress.com）
出版人：黄轩庄
全国新华书店经销
北京博海升彩色印刷有限公司印刷
（北京市通州区中关村科技园通州园金桥科技产业基地环宇路 6 号
邮政编码：100076）
开本：787 mm × 1 092 mm　1/16
印张：2.5　　　字数：37.5 千
2023 年 5 月第 1 版　　2023 年 5 月第 1 次印刷
定价：198.00 元（全 8 册）

如发现印装质量问题，影响阅读，请与出版社发行部门联系调换。

院士爷爷写给孩子们的一封信

亲爱的小朋友们：

你们好！

我从1957年进入北京大学开始学习地球物理专业，至今已有65年的时间。这期间我一直在从事气候变化领域的研究，一直在关注地球的"健康"。

小时候，我随父母走过许多地方，看过许多次地球的"喜怒无常"：有时刮起的大风会吹断树枝掀翻屋顶，有时高温不断，有时洪水泛滥……地球为什么会出现这些现象，是不是"生病"了？有没有什么方法能让人们少受灾害的影响？生活在其他地方的小朋友有没有遇到和我一样的问题？那时的我和你们一样，对探索地球充满了好奇心。

慢慢地我发现，地球的秘密可太多了：天上的云、海里的洋流、空气中的风……不同的气候造就了地球上丰富多彩的自然景观，还极大地影响了人类的文明。与此同时，我们人类的活动也在影响着地球和人类未来的命运——即使全球的平均气温只比之前上升1℃，也能导致冰川融化、很多物种灭绝、极端灾难事件频发。我觉得，应该把地球的秘密告诉所有关心地球的人们，尤其是你们，让我们一起来了解地球，保护地球。

今天，看到长期从事科普宣传的工作者们为小朋友制作的这套融汇气象、地理、生物、天文等多个科学领域的绘本《上天入海探地球》，我很欣慰，因为这套绘本里面写了很多关于地球的故事。我是在上大学期间才对灾害性天气有了明确的认知，想到你们从小就能看到这么多有趣的故事，能了解到这么多知识，我由衷地感到，你们是幸福的。

最后，祝愿你们健康快乐地成长！让我们一起为了人类更美好的未来，携手应对全球气候变化，保护我们共同的家园吧！

中国工程院院士 丁一汇

2022年10月18日

太阳有时把我们照得暖洋洋，有时又躲进云里半天不出来。
云朵有时会噼里啪啦地掉"眼泪"，有时又会被风吹得不见踪影……
这些天气现象我们常常用阴晴、风雨、冷热来描述，可以说，
天气就在我们身边。

天气可以在短短几分钟、几小时、几天里发生变化。如果我们把时间拉长到几年、几十年甚至几百年，就会发现有的地区四季分明，总是冬天冷，夏天热；有的地区一年到头都特别冷；还有的地区好几年不下一滴雨……

　　这就是**气候**，它指的是某个地区长期的天气平均状况，一般变化不大。

为什么地球上纬度不同的地区，气候会各不相同呢？

这是因为地球表面接收的热量主要来自太阳，而太阳直射的范围又是有限的，使得纬度不同的地区接收到的热量并不均匀，导致气候各不相同。

靠近两极的地区全年只能被阳光斜射，获得的热量少，所以全年都很冷，被称为寒带。

热带和寒带中间的地区，全年获得的热量不多不少，温度适中，被称为温带。

靠近赤道的地区能够被阳光直射，获得的热量多，所以这里全年都很热，被称为热带。

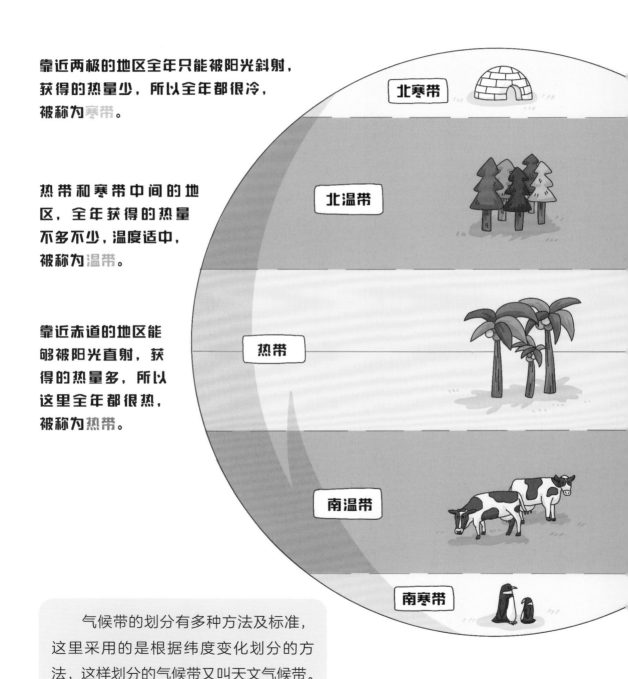

北寒带

北温带

热带

南温带

南寒带

气候带的划分有多种方法及标准，这里采用的是根据纬度变化划分的方法，这样划分的气候带又叫天文气候带。

阳光直射的地区能比斜射的地区获得更多的热量。这就好比我们吃烧烤时，如果把食物举到火盆的正上方，就能让食物快点儿烤熟。如果总是把食物举到火盆的斜上方，由于获得的热量比较少，食物就不容易烤熟。

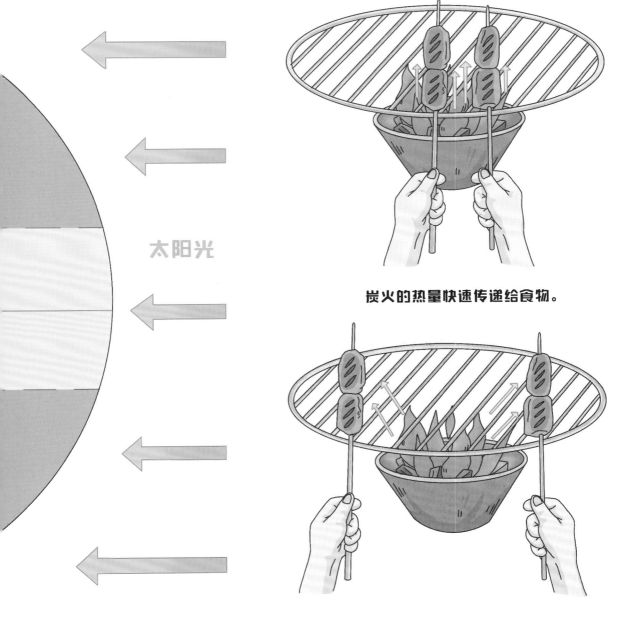

太阳光

炭火的热量快速传递给食物。

炭火的热量只有一部分能传递给食物。

除了纬度会影响气候之外，还有很多因素，比如陆地距离海洋的远近、海拔高度、大气环流、洋流等，都会影响气候。

海洋中的水蒸发后形成云。

水分蒸发

大气环流和洋流携带着热量和水汽大规模流动，调节全球的冷热、干湿。

热量和水汽

热量和水汽

云移动到陆地上空，形成降雨。

海拔就是一个地点与海平面的高度差。一般情况下，海拔越高，气温越低。

2 400 米

1 800 米

1 200 米

600 米

0 米

靠近海洋的地区雨水更多。

远离海洋的地区雨水较少。

科学家将地球上千差万别的气候分为不同的**气候类型**，它们各自又形成了独特又奇妙的自然风景：冰天雪地的**极地**、烈日炎炎的**沙漠**、寒风呼啸的**高原**、幽暗闷热的**雨林**……

跟我出发吧，来一场说走就走的气候之旅！

先带你们到我热乎乎的肚子——热带去看看。

　　赤道是地球肚子正中间的"腰带"，它两侧的气候为**热带雨林气候**。热带雨林气候影响的地区不仅热，而且一年到头经常下雨。湿热的气候使植物长得又快又茂盛，形成了独具特色的热带雨林。

　　进入热带雨林，抬头是遮天蔽日的大树，低头是交错而生的树根。这里密集的分层植被使地面光线幽暗无比，仿佛一座绿色的迷宫。

　　热带雨林对于调节地球气候有着很重要的作用。亚马孙雨林是世界上最大的热带雨林，里面的植物每年通过光合作用吸收大量二氧化碳，并释放出氧气，所以亚马孙雨林被人们称为"地球之肺"。

骆驼能连续几周不喝水。它的驼峰里储存着很多脂肪，可以转化为身体所需的营养物质和水；身上覆盖着厚厚的毛，能够减少体内水分蒸发。

蜣螂以动物粪便为食，住在沙子底下避热。

热带气候区里最干旱的是**热带沙漠气候**，一年四季都很少下雨。

　　在这种气候条件下，由于缺少水分，地面生长的植物非常稀少。风将泥土和岩石破坏成干燥的沙子，这些沙子堆积起来便渐渐形成了沙漠。

　　地球上最大的沙漠——撒哈拉大沙漠，就拥有典型的热带沙漠气候。那些特别耐旱的动物，比如骆驼、耳廓狐、蜣螂，非常适合在这里生存。

耳廓狐的大耳朵有利于散热。

热带草原气候大致分布在热带雨林气候和热带沙漠气候的中间地带。

这里在一年之中分雨季和干季，雨季经常下雨，干季则很少下雨。雨季时，植物迅速生长，长成了郁郁葱葱的热带草原；干季时，则草木枯萎，大地一片荒凉。

非洲草原是世界上最大的热带草原，这里是非洲狮、长颈鹿、斑马、非洲象等动物的家园。当雨季过去，干季来临时，动物们会追寻着降水进行大规模迁徙。

热带季风气候分旱季和雨季，但雨下得比热带草原气候要多。夏季是热带季风气候的"伤心季"，全年的大部分雨水都在这短短几个月内倾盆而至。

　　这样的气候是受季风影响形成的。夏季，风从海上吹来，带来大量水汽；冬季，风从干燥的内陆吹来，导致降雨稀少。

夏季，热烘烘的阳光照在陆地上，陆地温度迅速升高。由于水是不容易被加热或冷却的物质，所以夏季海洋上的温度比陆地上的要低。于是，风从海洋吹向陆地，携带大量水汽，利于降雨。

冬季，光照减少，陆地温度迅速下降，而海洋上的温度相对较高。风就会从陆地吹向海洋，寒冷而干燥。

亚热带比热带冷一点儿，比温带热一点儿。

　　在温带靠近热带的地区还有**亚热带**。亚热带夏季气温比温带夏季的高，冬季气温比热带冬季的低，是热带和温带的过渡带。

亚热带气候区有一对性格相反的好朋友——亚热带季风气候和地中海气候。

　　亚热带季风气候同样受季风影响，夏季酷热且经常下雨，冬季严寒而很少下雨。不过，它没有热带季风气候那么热，雨量的季节差异也没有那么大。

　　这样的气候最适宜喜欢湿热环境的水稻生长。我国南方地区就属于亚热带季风气候区，广阔的稻田年复一年地为我们供应白花花的大米。

地中海气候则与亚热带季风气候相反，夏季很少下雨，冬季经常下雨。

从名字你就能猜到，这种气候在地中海沿岸分布最广。夏季，这里炎热干燥的气候有利于水果在生长过程中积累糖分，吃起来特别甜，因此人们在这里大量种植柑橘、葡萄、橄榄等水果。

葡萄

橄榄

在夏季的地中海沿岸，
你还可以看到蔚蓝的海水、
美丽的沙滩、明媚的阳光。
难怪这里是度假胜地。

这两个地带是温带，听名字就感觉很温暖。

海洋温度变化小。受海洋影响，温带海洋性气候冬无严寒，夏无酷暑。

欧洲西部地区一年四季都有丰沛的降水，河流不仅流量大，而且流速平稳。这里气候温和，河流没有结冰期，可以全年通航。

温和湿润的气候适宜多汁牧草的生长。

温带的气候类型有三种，其中"脾气"最温和的是**温带海洋性气候**。这种气候分布在沿海地区，因为靠近海洋，所以全年温和、湿润。

欧洲西部是温带海洋性气候的主要地盘，这里有绿草如茵的牧场、蜿蜒曲折的海湾。船只穿梭于平静的河面上，全年无休。

越往温带地区的内陆走，你会发现气候越干燥，昼夜和季节的温度差异也越来越大。一天里，人们中午热得穿短袖，晚上冷得穿棉袄；一年里，冬季寒冷，夏季炎热。

来到温带大陆性气候的地盘，夏装和冬装都得带上。

棕熊

这种气候叫作**温带大陆性气候**，是温带里"脾气"反差最大的气候。

温带大陆性气候在广袤的亚欧大陆分布最广，它时好时坏的"脾气"让这里形成了复杂的自然风貌，既有森林、草原，又有荒漠。越靠近大陆中心，气候越干旱，植物越稀疏。

黄羊

旱獭

塔里木鹿

沙蜥

沙鼠

季风也在温带发挥着威力，形成了**温带季风气候**，它的特点是夏季高温、多雨，冬季寒冷、干燥。

我国的华北、东北地区就处于温带季风气候区。在这里，你可以清晰地感受到四季的交替：春季草长莺飞，夏季绿树成荫，秋季落叶纷纷，冬季银装素裹。

我的头顶和脚底比冰箱还厉害，它们是终年寒冷的寒带。

一角鲸头上的"角"其实是它的长牙，可以用来打破海面上的浮冰。

北极格陵兰岛和南极大陆的茫茫冰原上，有着最为"冷酷无情"的气候——**冰原气候**，即使在最热的月份，平均气温也在 0℃以下。冰原上的积雪大多无法融化，地面终年被厚厚的冰雪覆盖。

北极熊和**海豹**的体内有厚厚的脂肪，能帮助它们抵御严寒。

苔原气候主要分布在北极圈内的北冰洋沿岸。虽然苔原气候同样"冷酷"，但还不算完全"无情"。到了一年中最热的月份，这里的平均气温会高于 0℃。这时，积雪融化，土壤解冻，耐寒的苔藓植物也纷纷冒头。

北极狐

北极狐、北极兔、旅鼠等会随着季节改变自己的毛色，以此隐藏行踪，躲避捕食者。它们在冬季利用雪白的毛皮跟白雪融为一体；到了夏季，积雪融化，它们的毛皮又会变成与土地颜色相近的灰色。

北极兔

旅鼠

北极苔原生活着**北美驯鹿**、**麝牛**等动物，它们身上都长着厚厚的毛皮，可以帮助它们保暖。

北美驯鹿

麝牛

小小的苔藓植物，有着强大的生命力。

北极狐

北极兔

旅鼠

最后我带你们到高处看看。我的表面凹凸不平，上面高高凸起的就是高原和山地，这些地区会形成特别的气候类型。

为了适应昼夜温差大的气候，生活在青藏高原的藏族人会穿一种方便穿脱的藏袍，白天气温升高的时候把一只或两只袖子脱下来系在腰上，晚上气温降低了再把袖子穿上。

在高原和山地等高海拔地区，空气稀薄，地表就像仅仅盖着一层薄被子，不容易保留住太阳带来的热量。因此，这些地区气温较低，全年都很冷，形成**高原山地气候**。

由于"被子"太薄，实在留不住白天的热量，在夜晚没有阳光的时候，高原、山地地区的气温会迅速下降，导致昼夜温差很大。

我们国家的青藏高原是地球上最高的高原，被称为"世界屋脊"，也是典型的高原山地气候区。青藏高原一些海拔特别高的地方，会和极地一样，积雪终年不化。

希望有一天，你可以亲自去体验各种奇妙的气候与环境，发现地球的广阔与神奇。

走过热带、亚热带、温带、寒带，越过高原和山地，本次气候之旅就结束啦！

扫码收听关于地球的有趣故事